U0007835

甲蟲
日記簿 2

黃仕傑 著

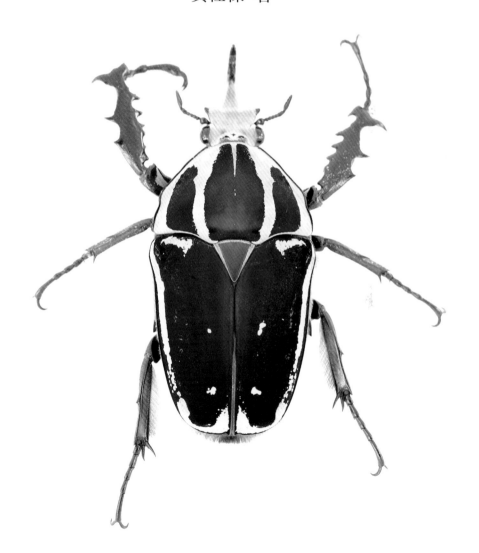

目 錄

1 甲蟲放大鏡 —————————————————————————— 10

2 世界之最 —————————————————————————————— 42

吸睛的甲蟲書

楊平世

國立臺灣大學生物資源暨農學院 名譽教授

「熱血」阿傑」出書了！當他把《甲蟲日記簿2》的書稿交到我手中時，我笑稱他是台灣生產最多蟲書的專家。我問他《甲蟲日記簿》再刷了幾次，他說大概有七、八次吧，可見阿傑寫的蟲書叫好又叫座，先恭喜他了！

延續第一集的寫法，文字精簡，圖片美不勝收，對喜歡甲蟲的人來說張張都是精彩之作，所以第二集比第一集還吸睛。

阿傑養過不少甲蟲，也經營過蟲店，這十多年來他徜徉在國際各大知名叢林，以探索甲蟲世界的奧祕，讀者在書中可循著他的腳步，追蹤著名甲蟲。第二集中有不少他飼養甲蟲的經驗，也有不少野地觀察甲蟲行為、習性的心得，難能可貴的是書中有十分之三介紹大家不熟悉，卻長相奇特，也十分吸睛的甲蟲。相信阿傑的粉絲和喜歡甲蟲的朋友一定不會錯過。

黃仕傑先生不是科班出身，但他為了昆蟲認真查閱相關文獻，更虛心向各學有所專的昆蟲學者求教；另外，他也經常和昆蟲科系畢業的同好交流，相信他們未來將持續傳播正確的昆蟲知識，更重要的是喚起大家共同維護好昆蟲的棲息環境。

祝福阿傑的《甲蟲日記簿2》熱賣，也期許喜歡甲蟲的朋友能在書中找到自己的興趣，未來也能成為阿傑第二。誰說學習昆蟲、出版昆蟲書的一定要科班出身！

無時無刻不在的終身學習

鄭明倫

國立自然科學博物館研究員

這是　阿傑的第十三本書，距離我前次審訂的《甲蟲日記簿》（第十本）不過兩年時間。就像阿傑在序裡頭寫的，這幾年他的照片消耗速度比不上累積速度，雖然硬碟裡仍塞滿了昆蟲圖檔、心中滿是酸甜苦辣的回憶、腦中有源源湧出的點子，但真要用照片來說故事寫書，依舊是充滿挑戰，遑論他還接了電視節目的主持工作，時間更加緊縮。不過這本《甲蟲日記簿2》還是完工了，不得不佩服阿傑的自律、實踐和時間利用。

大家都知道電影續集不好拍，書的續集也不好寫。如何避免深陷第一集的既定模式，很難，畢竟個人的經驗決定所能想像的尺度，而續集又不會隔很久才推出，所以更難。但若能集結眾多腦袋，不論是藉由聊天、閱讀、討論，甚至是看不同人做同一件事的差異，然後加以內化，就可能在短時間內豐富個人經驗。跟《甲蟲日記簿》相比，《甲蟲日記簿2》的確在這點上表現出差異：前

者較多個人經驗的描述，特別是與入門級的、吸引人的甲蟲的邂逅故事；後者則介紹了一些非熱門的甲蟲，還有臺灣學者的研究，例如台北脊頭鰓金龜、球背象鼻蟲、扁甲、雞冠細身赤鍬形蟲的打鬥等。關於年輕一輩的昆蟲藝術創作介紹更是書中一絕。阿傑也在序中提到年初跟「臺灣昆蟲同好會」年輕一輩有志於昆蟲學的同好或是我們這些比較有人生經驗的蟲人天南地北地聊，促成本書的 7:3 布局，既有舊愛，又有新歡。

《甲蟲日記簿 2》也介紹了較多基礎昆蟲學的知識，這無可厚非，入門後會想邁向精進。不過教科書上的知識多半經過相當程度的簡化，因為若未將內容簡化並分門別類，大家很難學習，但這不意味其內容可以完全對應到真實的世界。舉例來說，在昆蟲觸角的型式中，鍬形蟲跟其他金龜子的觸角都被歸為鰓葉狀，特徵是末端數節變形如葉片狀。然而鍬形蟲觸角的柄節很長，也符合膝狀觸角的特徵，跟黑豔蟲、金龜子的典型鰓葉狀又有不同。換句話說，某款觸角可能同時符合兩個類型，端視強調哪個特徵。而如球桿狀（capitate, clubbed antennae）和球棒狀（clavate, gradually clubbed antennae），教科書總是列出典型的例子，彷彿兩者截然不同。其實兩個典型中還有許多模稜兩可的中間型，就算是昆蟲學家，認知和用語也未必相同。這是要注意的，學會原則能幫助我們認識世界，但莫將此當成教條去強加在真實的世界裡。

第二章的筒蠹蟲一節提到被志工問倒的故事，是很棒的分享。大家慣常以為的「知識」（此指非技能性的），常常只是零散的資訊或原則與概念。要能說、寫出來分享，必須在腦中經過一番整理和連結，合成第一道知識。當被質疑甚至問倒的時候，代表原本的東西有所不足，甚至是錯誤，這時藉機擴充或修正舊資訊，並把新資訊與之連結，合成新的知識體系，同時避免先前的缺失或錯誤，這才是一個完整的學習過程。若能合理完整回答，則代表腦中的知識體系迄今還算正確充分。所以說寫觀點和答辯與實踐是非常重要的訓練。在美國求學時，有回系上邀請生物多樣性大師 E. O. Wilson 來演講。介紹講者時，系上老師說他很佩服 Wilson 的一點是，當被問到不懂的問題，他會直接說不知道。但下回你再跟他聊這個話題，他可能會懂得比你還多。真正的學習莫過如此，也就是無時無刻不在的終身學習。

阿傑在序言寫下「甲蟲是我學習與精進的那扇門」，也在書中體現了這點。

甲蟲是我學習與精進的那扇門

去年朋友問我什麼時候寫日記簿系列的第三本，他說希望看到兜蟲日記簿，因為他喜歡外觀大型強壯的甲蟲，但我算了一下，手邊的大型兜蟲資料還不到成書的階段，至少要再去一趟中南美洲與兩趟東南亞才有足夠的材料，現在寫太急就章，恐怕自己都看不下去，更遑論交稿了。下一本日記簿要寫什麼？這是個好問題，這幾年我的照片消耗速度比不上累積速度，雖然硬碟中有數不盡的圖檔（太浮誇）、心中滿滿的回憶、腦中不斷跳出來的點子，更有許多想好的書名與大綱，但最愛的還是甲蟲，所以決定《甲蟲日記簿2》當作目標。編排大綱時猶豫著要以大家愛的兜蟲、鍬形蟲、花金龜為主呢？或是找一些大眾較少接觸的冷門甲蟲為主？為了這個比重問題，失眠了幾個晚上。最後大綱決定版來自農曆過年期間與「臺灣昆蟲同好會」的夥伴在台中聚餐，會後在國立自然科學博物館的麥當勞繼續聊天，好友鄭明倫博士、賴郁雯博士賢伉儷及蔡經甫博士也來加入。當天和年輕夥伴充滿活力地聊起研究與各種最新的科學知識，還有近期國內外田野調查的甘苦談。回程在高鐵上沉澱後，決定內容安排會是七三比例。七成是熱門的甲蟲，由個人經驗挑選種類介紹，以飼養繁殖訣竅或是自然觀察心得為主。另外三成是與甲蟲有關的新知或少見種類的介紹，盡可能溶入科學知識，並分享自己如何在接觸飼養的過程中找尋答案，以及用什麼簡單的方法做實驗。讓閱讀的朋友也能理解很多事不難，只要願意做就會有經驗，進而得到啟發，找出改進方法。我還是將基礎的飼養與繁殖寫清楚，原本只是將個人平常照顧甲蟲的方式與小祕方整理出來，後來覺得現在養甲蟲的朋友涉及範圍非常廣，無論前一本《甲蟲日記簿》記錄的擬鍬形蟲（生態史與飼養過程已經發表在國際期刊），或是現在許多朋友飼養的步行蟲，甚至暫時還無法破解如何人工繁殖累代的天牛、吉丁蟲，以及我跟少數朋友醉心的糞金龜，相信只要經過不斷地嘗試與努力，一定能找到人工飼養的方法。也希望更多對甲蟲懷抱夢想的朋友，可藉由此書找到屬於自己的方向，而玩家閱讀後能想起當年找甲蟲探點的艱辛，或重新燃起甲蟲魂，在採集、飼養、研究甚至是人生道路各層面再精進！

甲蟲放大鏡

1

虎天牛 *Chlorophorus* sp. 的頭部細緻美麗，
觸角、複眼、口器，清楚呈現。（台灣）

演化傑作
臉部構造大解密

個人曾經很努力地拍攝各種昆蟲的臉部（頭）特寫，因為每一種昆蟲的臉都不一樣，在某些特定的角度下，會覺得昆蟲竟然有表情！特別是甲蟲的臉經過高倍率的放大後，能看到的絕不是只有複眼、單眼、觸角、口器，而是超乎想像的樣貌，若您有豐富的想像力，還能發現跟甲蟲完全不一樣的世界喔！

外星人：電影中各種奇形怪狀的外星人有些來自人形的變化，更多是根據各類動物，特別是昆蟲的外觀和生態所發想創作出來的，當中也有一些是源自甲蟲的造型喔。

乖寶寶：很多面貌一看就知道是乖寶寶，長得逗趣憨厚或很呆萌，或看起來慈眉善目的，但心中疑惑著昆蟲怎麼可能會有這樣的表情？後來發現換個角度就能發現甲蟲也有和善的眼神。

怒目相視：正常來說，應該是生氣的人或是承受極大壓力的人才會有這樣的表情出現。到底甲蟲為什麼會有這種憤怒表情？是厭惡人類破壞生態環境？還是我的內心想法就是如此？

化學兵：有的甲蟲生來就像是戴著防毒面具，一雙大眼罩、圓滾滾的過濾裝置。是自然環境具有毒氣還是甲蟲們很聰明，早就準備好在等了？

瘤背螻步行蟲 Philoscaphus tuberculatus 的臉部線
條肌理分明,配上大顎讓人不寒而慄。(**澳洲東部**)

吉丁蟲的複眼長在頭部左右兩端,
看起來像長相滑稽的外星人。(**秘魯**)

糞金龜 Onthophagus atrox 一臉不爽的樣子,或許以為我要搶牠的食物吧。(**澳洲**)

長角象鼻蟲（Anthribidae）的複眼又大又圓，
就像剛睡醒一臉迷糊。（台灣）

厚角金龜 *Blackburnium cavicolle* 誇張的頭角配上
水汪汪的複眼是不是很可愛呢？（澳洲）

虎甲蟲 *Megacephala (Australicapitona)crucigera*
進食的樣貌果然是餓虎撲羊，看起來相當兇惡。

象鼻蟲（Curculionidae）將自己的頭部收起，
看起來就像戴著防毒面具的化學兵。（婆羅洲）

以些微不同角度拍攝時，能讓同一隻台灣長臂金龜 *Cheirotonus formosanus* 的眼神充滿戲劇性的變化，
前一張是專心看著你，下一張變成非常生氣。

秘魯長臂天牛 *Acrocinus longimanus* 的複眼
比例超過頭部一半，相當具有魄力！（秘魯）

奇形怪狀
高倍率的複眼與形狀

　　朋友曾說甲蟲的複眼不就是眼睛嗎？有什麼特別與奇怪呢！目前全世界的甲蟲約有 30 幾萬種，不同科的甲蟲複眼形狀都不太一樣，也可以看複眼來鑑別甲蟲的科喔！當然將複眼放大後可以看到相當有趣的形狀與漂亮的顏色，有的甲蟲還有「四個眼睛」喔！讓我們一起來看看有趣的甲蟲複眼吧。

這隻鋸天牛（Prionini）的複眼形狀好像睡眠眼罩。（婆羅洲）

黑翅晦螢 *Abscondita cerata* 雄蟲的複眼好像兩顆大圓球。（台灣）

長毛艷金龜 *Mimela passerinii taiheizana* 的複眼看起來星光點點，就像銀河般美麗。（台灣）

鈍光迴木蟲 *Plesiophthalmus formosanus* 的複眼彷彿時尚大師的設計，造型相當前衛。（台灣）

林氏深山鍬形蟲 *Lucanus hayashii* 的大顎外型充滿力與美。（飼育個體）

同中有異
口器大匯集

　　有人以為象鼻蟲的嘴尖尖地、長長地，就是刺吸式口器，也有人認為獨角仙看不到大顎就不是咀嚼式口器。甲蟲種類那麼多，口器各自特化成不同樣貌來適應多樣的食物與生態環境，有些種類能從口器形狀來輔助理解其生態行為，所以口器絕對值得您花時間了解。

我不是用吸管：有些甲蟲的嘴很可愛，許多人都誤以為是吸管，還以為牠是慢條斯理的吃飯，其實這是特化的嘴，牠的牙齒（大顎）長在最前端，可以咬破果實的外皮或樹皮，吃到裡面甜美的食物。

大嘴吃天下：甲蟲大顎特化的非常誇張，很難想像到底要怎麼進食，其實這些具有超誇張大顎的種類，大顎的功能還蠻多，例如在防衛或進攻時當作武器，肉食性昆蟲還能箝制獵物喔。

櫻桃小嘴：相較於特化的大顎，這些小小嘴的甲蟲也不是省油的燈。這張嘴恬恬吃三碗公的能力可超乎您的想像，啃葉子、咬樹皮樣樣來，為了生存與繁殖大家都努力咬咬咬。

虎頭鍘：大家都知道包青天的劇情中這是一座鋒利的刑具，起落之間可將身首一刀兩斷，在甲蟲的世界中也有許多種類具有這樣的刀具，但並非賞善罰惡，而是弱肉強食。

找不到嘴：甲蟲不是一定有大顎嗎？但為什麼找不到牠的大顎在哪裡？不同的甲蟲因生態習性不同，所以大顎特化的方式也不同，不妨來找找這些甲蟲的嘴在哪裡。

三點台菊虎 *Taiwanocantharis tripunctata* 的大顎如同鉗子般彎曲有力，是捕食其它昆蟲的好工具。（台灣）

美它利佛細身鍬形蟲 *Cyclommatus metallifer finae* 的大顎超過全身體長一半以上，就算當成武器也太誇張了。（印尼）

南美琉璃鬼天牛 *Psalidognathus* sp 的大顎，讓人望而生懼。（南美）

吉丁蟲 *Megaloxantha purpurascens peninsulae* 的大顎看起來很秀氣，但吃樹葉啃枯木都沒問題喔！（馬來西亞）

擬步行蟲的頭部很小，前端形狀就像小小的嘴，非常可愛。（澳洲）

碎斑硬象鼻蟲 *Eupyrgops waltonianus* 的大顎短小，專門啃食植物。（台灣）

本種紅螢（Lycidae）的頭部是狹長型，嘴形看起來相當逗趣。（台灣）

大衛大天牛 *Batocera davidis* 的大顎如同斜口鉗般銳利可怕，什麼都可以剪斷。（台灣）

台灣鹿角金龜 *Dicranocephalus wallichii bourgonini* 的角不是大顎特化的喔！牠的大顎也在頭部下方。

鬼艷鍬形蟲 *Odontolabis gazella* 不對稱的大顎就像可怕的鉗子，可以想像夾到一定超痛！（馬來西亞）

閻魔蟲（Histeridae）體型雖小，但大顎就像銳利的剪刀，可以輕易將其他昆蟲的幼蟲剪成兩半。

象鼻蟲的嘴不是刺吸式喔！牠的大顎在最前端，可以咬破樹皮吃到裡面的組織。（圖為台灣大象鼻蟲 Cyrtotrachelus thompsoni）

獨角仙 Trypoxylus dichotomus 的大顎已經特化在頭部下方，要翻過來從腹面看。

血紅虎斑花金龜 Paratrichius diversicolor 頭部前端的形狀是不是很像嘴唇？

絲狀觸角〔圖為步行蟲〔Carabidae〕〕

偵測利器
各型觸角大不同

這個觸角不是頭上或胸上的犄角喔，而是昆蟲最重要的感覺器官之一，有觸覺、味覺、聽覺、平衡，還有傳遞訊息的功能。但很多人以為只有頭上長長那兩根才是觸角，甚至還聽人說金龜子眼睛旁的觸角是眉毛，當場差點昏倒。也因為如此，認識甲蟲一定要知道牠們的觸角也很多變。

絲狀（像細長的髮絲）：多數步行蟲、龍蝨（也有人覺得屬於鞭狀）。

鞭狀（像抽人用的皮鞭）：大部分天牛。

鋸齒狀（像鋸樹的鋸子）：大多數叩頭蟲、吉丁蟲、多數紅螢。

櫛齒狀（像梳子）：某些紅螢、某些叩頭蟲、某些天牛。

鰓葉狀（像魚的鰓）：所有金龜子總科，含鍬形蟲（鍬形蟲是膝狀的鰓葉狀）。

念珠狀（像拜拜用的佛珠）：某些擬步行蟲。

球棒狀（像棒球棒的形狀）：某些擬步行蟲、某些瓢蟲。

球桿狀（像高爾夫球桿，末端明顯膨大）：出尾蟲、埋葬蟲、某些瓢蟲。

膝狀（像膝蓋）：多數象鼻蟲。

鞭狀觸角。（圖為斜條鬼天牛 Oplatocera mitonoi）

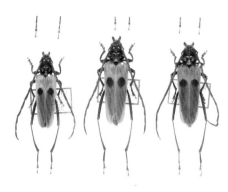

鞭狀觸角。（圖為雙紋梨天牛 Cataphrodisium rubripenne）

鰓葉狀觸角。（圖為糞金龜 Microcopris sp.）

鰓葉狀觸角。（圖為台灣大吹粉金龜 Melolontha frater taiwana）

鰓葉狀觸角。（圖為日本深山鍬形蟲 Lucanus maculifemoratus）

絲狀觸角。（圖為東方黃緣龍蝨 Cybister tripunctatus）

櫛齒狀觸角。（圖為櫛角紅螢〔Lycidae〕）　櫛齒狀觸角。（圖為櫛角叩頭蟲〔Elateridae〕）

櫛齒狀觸角。這種每節本體很短、分枝很長的櫛齒狀有時也被稱為扇狀觸角。
（圖為櫛角蟲〔Callirhipidae〕）

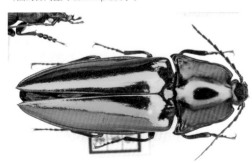

鋸齒狀觸角。（圖為大青叩頭蟲 *Campsosternus*
auratus）

鋸齒狀觸角。（圖為吉丁蟲 *Euchroma*
gigantea gigantea）

球棒狀觸角。（圖為紅胸埋葬蟲 *Calosilpha cyaneocephala*）

球桿狀觸角。（圖為尼泊爾埋葬蟲 *Nicrophorus nepalensis*）

膝狀觸角。（圖為象鼻蟲〔Curculionidae〕）

膝狀觸角。（圖為象鼻蟲〔Curculionidae〕）

球棒狀觸角（圖為細堅蟲 *Pycnomerus* sp.）。何彬宏攝影。

念珠狀觸角。（圖為長角象鼻蟲〔Anthribidae〕）

念珠狀觸角。（圖為擬步行蟲 *Ziaelas formosanus*）

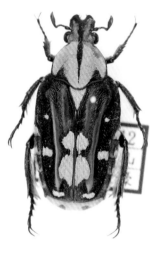

LESSON 5

爭奇鬥豔
甲蟲的外觀

　　甲蟲的外觀可說是千變萬化，最引人注意的就是顏色與
形狀。有的甲蟲外型婀娜多姿，有的圓胖可愛，也有苗條細
長，若再加上顏色可就更讓人眼花撩亂。甲蟲的外表有的亮
晶晶、有的長滿毛、有的很光滑、有的很粗糙，我們這篇
不討論科學理論，單純欣賞各種不同甲蟲亮麗奇特的外觀。
若您對這些甲蟲外觀的奇特充滿好奇心，可以自己找資料研
究，我想一定會有新發現。

左頁　照片中的甲蟲外型體表各有不同，顏色斑紋很多變，這是甲蟲令人著迷
的原因。（**扁甲蟲、花金龜、糞金龜**）

清金榆金花蟲 *Ambrostoma chinkinyui* 的腹面五彩斑斕。

擬金花蟲 *Cerogria sp.* 的體表步滿細短白毛，
搭配金屬體色頗有質感。

體表光澤比黃金還要閃亮的黃金黑腳金龜
Callistethus formosanus，是不是非常美麗？

這隻長腳金龜 *Hoplia* sp. 身上布滿藍紫色金屬光澤的鱗片，就算體型很小也吸引眾人目光。

林氏華夏天牛 *Eutetrapha lini* 的顏色相當淡雅，微微的金屬光澤搭配黑色斑紋更有特色。

三葉蟲紅螢 *Duliticola* sp. 的雌性成蟲身體外觀與顏色猶如枯葉，非常適合在森林底層棲息。

中帶番郭公蟲 *Xenorthrius umbratus*
捕食前來吸取白匏子葉子蜜腺的螞蟻，
滿是被咬碎的殘骸。

吃果凍就好？
甲蟲的食性

　　甲蟲的食性非常廣，可以從素食、肉食、雜食一路談。大部分人提到甲蟲吃什麼？首先想到吃果凍，因為大家最熟悉的甲蟲就是「獨角仙、金龜子與鍬形蟲」，但世界上的甲蟲種類眾多，光是食性這件事就已經非常精彩，足以讓您大開眼界。甲蟲的食性可以被歸納成幾大類：植食性、菌食性、肉食性、糞食性。天牛啃食葉片，獨角仙、金龜子幼蟲取食腐植質。蕈甲蟲、菌小蠹蟲取食蕈類。肉食性包含步行蟲吃蚯蚓、瓢蟲吃蚜蟲、螢火蟲幼蟲吃小蝸牛，埋葬蟲吃屍體也算在肉食裡面。糞食性就是指糞金龜吃排泄物。

擬食蝸步行蟲 *Carabus nankotaizanus* 取食被壓扁的蝸牛屍體。

琉璃金花蟲 *Agetocera taiwans* 取食植物葉片。

胸條紙翅紅天牛 *Prothema ochraceosignata*
在盛開的花朵上大快朵頤。

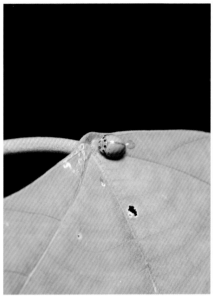

獨角仙 *Trypoxylus dichotomus* 對光臘樹的汁液
情有獨鍾。

四斑黃瓢蟲 *Coelophora itoi* 在白匏子葉子基部
的蜜腺取食。

2017 年北部橫貫公路巴陵路段旁的樹木流出汁液，吸引蝴蝶、金龜子、天牛、蒼蠅、虎頭蜂前來取食。

各有所好
甲蟲的家

　　許多人知道要去森林找甲蟲，但對於森林的組成並不了解。森林裡不單單是樹木，而是各種不同環境組成的總和，其中有不同的樹種、草本植物、攀藤植物、落葉、枯枝及腐植質組成的森林底層，還有溪流、小水塘、沼澤、岩石、泥土，森林中的甲蟲之所以豐富多樣就是因為牠們各自在不同的環境中生活。一棵樹可能會有許多不同的甲蟲住在上面，有的住在樹皮上，有的住在樹洞中，有的喜歡樹枝，有的愛樹葉，還有的喜歡樹根。只要慢慢觀察就一定能發現牠們躲藏在哪裡。

雖有時可以在家中米缸發現米象鼻蟲，但絕大部分的甲蟲需要完整的森林才有辦法存活。（圖為羅森伯基黃金鬼鍬形蟲 *Allotopus rosenbergi*）

飛簷走壁
甲蟲的移動方式

　　大眾所認知的甲蟲大部分都是獨角仙、鍬形蟲、金龜子，但甲蟲的世界哪有這麼簡單。每種甲蟲移動的方式各有千秋，無論是用走的、飛的、爬的、最快的、最慢的，因為牠們居住的環境大不同，想要活下去就必須有自己的絕活，仔細觀察便能發現，不同的運動方式或功能也對應著變化多端的腳。且讓我們一起來看看！

甲蟲的腳學問很大，因為牠們要攀附在不同的環境，或有運動以外的功能。如龍蝨的雄蟲前腳有特化的吸盤狀構造，可以牢牢抓住雌蟲。下次把觀察重點放在腳上，一定會有新發現喔。

世界之最

2

圖為象鼻蟲（Curculionidae）。

自然光下的歌利亞大角金龜 *Goliathus goliatus*，價格曾經高不可攀！

世界最大花金龜：大王花金龜

　　第一次知道大王花金龜這樣的甲蟲，是閱讀日本知名生態攝影師今森光彥的攝影集。當時對於花金龜的認知是小時候在市場旁抓的鐵金龜（東方白點花金龜），體型最大不過15mm，就算台灣體型最大的金龜子科種類「台灣長臂金龜」，也才70mm上下，但大王花金龜雄性成蟲的體長竟然可以超過100mm。雖然只是在書上看著照片，不過這珍奇的物種已在心中烙下深深的痕跡。

　　見到大王花金龜的實體是在泰國清邁。與在地好友松本（Somboon）去找當時泰國最大的蟲商江濃，閒話家常時剛好一批標本送到，箱子上的資料寫明由歐洲寄出，江濃看出我的好奇，便找我一起開箱。滿滿的填充物是白色棉花，一層一層打開後濃烈的標本與萘丸氣味撲鼻而來，果然大家都是老手，沒人退怯繼續把內容物取出，就在他們拿出一袋黑白分明的標本時，瞬間喚醒我的記憶，那不是大王花金龜嗎！小心接過打開封口，一隻體型跟手掌差不多大的標本放在掌心，上面數字為10.3，這是超過100mm的超大個體呀！江濃看到我的興奮眼神，便告訴我這個不貴，要不要帶幾隻回去玩？意亂情迷下挑了六隻，其中有三隻超過100mm，算帳時才想到完蛋了，這些極限個體一定超貴，萬一帶的錢不夠怎麼辦？拿到價格明細時再度嚇一跳，極限個體每隻1,200泰銖，折合台幣還不到1,200元，我急忙問是不是少寫一個零？江濃表示這次採購數量很大，所以價格相當漂亮。這批標本帶回台灣後幾位朋友分了，我自己手上都沒留，當時認為將來若需要再買就好。十多年後的今天，江濃已經不在，非洲的產地環境早已開發破壞，想要收一隻超過100mm的大王花金龜標本，恐怕不是那麼簡單了。

　　大王花金龜是統稱，屬名 *Goliathus* 是猶太傳說中巨人的名稱。一般最常看到的是 *Goliathus goliatus* 歌利亞大角金龜（原名亞種），黑色的前胸有數條白色條紋，鞘翅是深棕色，就是上述泰國買到的種類，但還有許多種，例如 *G. orientalis* 白紋大角、*G. cacicus* 銀背大角、*G. albosignatus* 虎紋大角金龜、*G. regius* 帝王大角金龜、*G. maleagris* 碎斑大角金龜，身上的顏色與花紋各有特色，都是相當漂亮的種類。

　　很多朋友認為大王花金龜產地在非洲，應該是習慣炎熱氣候的昆蟲，實際上依我去過非洲的經驗，不管雨季或是乾季，森林中的清晨與夜晚都非常冷涼，中午卻非常炎熱，日夜溫差可超過10度甚至15度以上。所以無論飼養成蟲或

幼蟲，溫度最好抓在 22 到 24 度，避免太冷造成幼蟲成長趨緩，太熱成蟲減短壽命，幼蟲躁動無法順利成長。

台灣飼養大王花金龜的經驗已經十多年了，大約 2005 年我透過友人取得數條幼蟲，原以為大王花金龜幼蟲就像獨角仙一樣好養，只要給牠吃一般的腐植土就可以了，但飼養半年後發現似乎營養不良，長不大，最後在腐植土上層爬行直到虛弱死亡。一同飼養的朋友也發生同樣的情況，我百思不得其解，直到有玩家翻譯國外的飼養繁殖經驗並分享在昆蟲論壇，才慢慢解開飼養大王花金龜的關卡。原來將幼蟲順利飼養為成蟲需要從兩個部分去看，一是原棲地環境的變化，二是幼蟲食性。

先談幼蟲食性。原本飼養花金龜類的幼蟲都是使用一般飼養獨角仙的腐植土，這種腐植土是種完菇蕈類的廢菌包，將包裝與雜質去除後再次發酵而成，優點是物美價廉。許多玩家為了追求極致體型，還會使用自己添加配方經過多次發酵的深色木屑，或是日本進口的高發酵木屑，效果確實有目共睹。然而，這樣好的木屑卻不適合用來飼養大王花金龜幼蟲，原因是大王花金龜幼生時期需要更大量的動物性蛋白質。根據國外玩家飼養經驗，幼蟲為肉食性，六隻腳末端都是令人懼怕的尖銳爪勾，可以想見被牠抓到的獵物下場如何。所以絕對不能將幼蟲混養，不然會像養蠱一樣，最後只剩下一隻。原先補充蛋白質的方式是使用餌料蟑螂或蟋蟀，但活體餵食吃不完會發臭，也容易滋生蟎蟲，所以使用顆粒狀狗糧來餵食。依體型大小，每次給予一顆至五顆不等，二到三天清理一次，避免發霉與長蟎。每月更換所有木屑，幼蟲也要拿出來使用毛刷（水彩筆）洗澡，盡可能杜絕蟎蟲增生。曾有人提議使用貓糧，因為貓糧的蛋白質含量更高，實際使用後幼蟲吸收效果不如預期，而且貓糧氣味更重，並不建議使用。近幾年許多蟲友改用錦鯉飼料，先充分泡水讓飼料吸滿水後再餵食，依照個人經驗，泡軟的飼料讓幼蟲嗜口性更佳，能快速進食與吸收，只要抓準數量，幾乎都會吃光，解決了幼蟲營養不良體型不大的問題，整理起來也更輕鬆。根據我的經驗，通常一齡每天一顆都吃不完，個人習慣兩天一次將舊的汰換，二齡後每天一顆，二齡末期大約可以吃到一顆半，三齡初與三齡末大概是三到八顆。曾有朋友飼養的超大三齡末幼蟲一天能吃到十多顆。但無論如何一定要勤於清理更換。

飼養約半年左右，幼蟲會鑽出木屑表面，以金龜子幼蟲獨有的「背部蠕動行走」方式繞行飼養容器，表示幼蟲在找尋可以化蛹的地點。我回頭檢視大王花金龜的棲地資料，發現大王花金龜成蟲的發生期都在雨季。雌蟲交配後會在森林底層產下卵粒，幼蟲在短短幾個月中快速成長為三齡幼蟲，這個週期大概是

雨季開始到雨季末，由此不難理解幼蟲為什麼需要大量的動物性蛋白質。飼養者必須注意孵化半年左右要準備讓幼蟲化蛹的泥土，我與朋友的做法是另外布置一個化蛹環境，容器高度至少 15 至 20 公分，泥土濕度控制在手抓不會滴水還能成為團狀，鋪八至十公分的泥土稍微壓實，上面再鋪上一層鬆鬆的泥土，最後鋪上原先食用的木屑，將幼蟲放入後靜待化蛹。不少朋友問我，蛹期該如何管理？好友張世豪跟我分享多筆精確的飼養經驗，幼蟲放入化蛹環境中，只要環境布置沒有問題，大概二到三周就會在土中做好土繭，前蛹到化蛹大概一個半月到兩個月，這時您可以選擇放著或是挖出來管理。挖的時候要特別注意土繭的上下位置，挖到土繭上方時建議先做記號，避免錯置而造成黑蛹的憾事。由蛹期到羽化成蟲大約需要兩個月，如果太急於打開土繭，會因為濕度變化過大或是雜菌造成黑蛹或是無法順利羽化。想知道裡面是蛹還是成蟲，可以拿起土繭慢慢轉動，如果還是蛹，則土繭中會有蛹在滾動的感覺，若羽化為成蟲則反之。成蟲蟄伏期的管理比照一般鍬形蟲與兜蟲，容器中放入衛生紙，噴水維持濕度，這時盡量少去打擾避免影響成蟲壽命，約一個半月左右會過蟄伏期，這時會在容器中看到成蟲排出白色蛹便，並開始活動。

在世界各地不斷開發森林的今天，很多人以為能破解繁殖，就可以藉由人為的方式保種。氣候的劇烈變化加上棲地破壞，也許有一天再也無法在野外看到大王花金龜，這也是許多 NGO 組織大聲疾呼「保護棲地」的主因。人為繁殖保種只是一種手段，如果希望這些美麗的生物能長久存在，最好的方法不只是把這些生物變成保育類，而是連同棲地一起保護。因為森林才是這些動物真正的家，沒了家住在裡頭的生物都將不存在，僅以這篇獻給全世界最大最珍奇的物種——大王花金龜。

小方法　製作土繭的泥土可由幾種方式取得。為了避免挖到的土含化學物質（除草劑或農藥），我使用花市販售的陽明山土，買回來後必須放入冷凍庫至少三天，或是使用炒鍋加熱炒過，以去除雜蟲。如果覺得麻煩可以請蟲店代為購買處理。

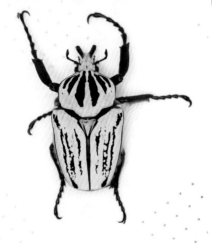

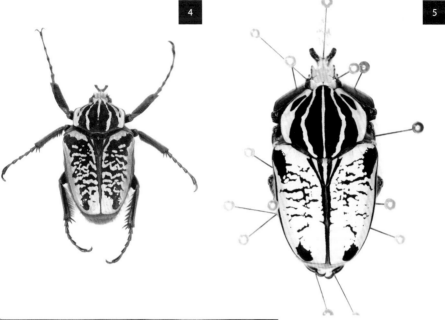

1 完全沒有刮痕與磨損的大型雄性個體。

2 白紋大角金龜翅鞘花紋變異頗大，這是黑縱紋較少的 *Goliathus orientalis preissi* 亞種。

3 帝王大角金龜 *Goliathus regius* 的體型雖然不大，但鞘翅上的花紋充滿氣勢。

4 虎斑大角金龜 *Goliathus albosignatus albosignatus* 一如牠的中文名稱，翅鞘上是類似虎斑的紋路。

5 歌利亞大角金龜鞘翅斑紋變異的極致，相當美麗。

6 牢牢抱住雌蟲的歌利亞大角金龜，前胸黑白分明的花紋相當搶眼。

1　幼蟲絕對不能混養否則會互食，一定要分開飼養管理，相當於套房，每間只能住一隻。

2　飼養盒中下層是高發酵木屑，顆粒狀的是狗食。

3　三齡幼蟲爬出來取食錦鯉飼料。

4　進入化蛹管理的飼養盒中，裡面裝的是泥土，標籤上註明幼蟲放入日期、體重、血統資料。

5　幼蟲做好土繭後挖出統一管理，底層鋪設腐植土可維持濕度。

6　打開土繭發現尚未羽化的蛹，直接以人工蛹室管理。

7　從土繭中冒出頭的雌蟲，一見到光馬上縮回土繭中。

8　打開土繭確認羽化的管理方式，讓成蟲在土繭中度過蟄伏期。

9　剛完美羽化的雌蟲，體表的顏色與光澤讓人喜愛。

10　幼蟲身上沾滿被飼料與水份濕潤的腐植土，這時就應該清理了。

11　使用軟毛刷清洗好的幼蟲，顯露出體表的潔白，腐植土也同步換新。

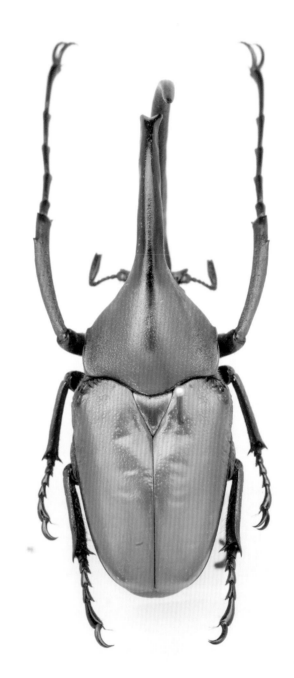

兜型金龜 *Theodosia antoinei* 宛如是集合長臂金龜（手長）、長戟大兜（頭胸角）、花金龜（體色亮麗）於一身的甲蟲。

世界最美麗花金龜：兜型金龜

20 多年前我從沒想過有這麼美麗的花金龜，還以為是塑膠玩具，直到親眼看到活體，整個人就像中邪般說不出話，「怎麼會有甲蟲如此精緻美麗。」體表的光澤雖是霧面非拋光，卻更加細緻，外型更是讓人驚豔，完全不輸巨型兜蟲的頭胸角。就像彩虹鍬形蟲與長戟大兜蟲合體後的縮小版本，蟲友們也幫牠取了一個非常貼切的中文名稱「兜型金龜」。

我在十多年前曾取得活體挑戰繁殖，可惜當時產地資訊不明，只知道是婆羅洲，加上繁殖耗材挑選錯誤，終告失敗。我覺得很可惜，心中默默許下願望，希望再次挑戰。數年後日本知名甲蟲雜誌刊出「兜形金龜特輯」，講述繁殖需要的墊材與溫溼度。文中提到產卵墊材是以木屑與腐葉土各半的比例調配，濕度要比一般繁殖的狀態更高。作者特別提到最難的是蛹期後的管理，幼蟲做好蛹室後，濕度如果沒有控制好，可能在前蛹或剛羽化為成蟲的過程就死在蛹室中。讀完後我很好奇，為什麼產卵墊材不需要太多太厚，難道幼蟲的食性有特別癖好嗎？這問題在我腦中盤旋不去。

2018 年 11 月與好友世豪透過友人購得兩對產自婆羅洲加里曼丹（Kalimantan）的兜形金龜 *Theodosia nobuyuki*，外觀非常完整，是充滿活力的健康新蟲，才放在一起雄蟲就迫不及待趴到母蟲身上交配。世豪特別準備日本進口 Fujikon 專業腐葉土來調製產卵墊材，我們將產卵布置過程直播並上傳到 YouTube。產卵墊材比照繁殖成功者提及的「比一般更濕」的方式，將蟲放進飼養箱後，雌蟲便快速鑽入墊材中，食材方面則是提供乳酸果凍與高蛋白添加果凍。分別在兩周、四周、六周時開挖產房，雌蟲存活 48 天總共下 26 顆卵，每次開挖檢查都發現卵粒，但奇怪的是卵粒都無法膨脹成圓形並孵化，最後發黑爛掉。是濕度太高、成蟲體質不佳，還是有其他沒注意到的原因？這謎團只能等下次挑戰時再想辦法解開。

2019 年與好友一起探訪北婆羅洲沙巴，地點是赫赫有名的楚斯瑪迪山（Trusmadi mountain），海拔大約 1,200 公尺，是林相完整的熱帶雨林，必須申請才能入山的保護區。這次內心有很多期盼，因為日本好友也是昆蟲科普書籍作者的鈴木知之先生，在著作中記錄 *Theodosia viridiaurata* 這個兜形金龜中的大型種類就是產在這裡。實際到達產地後，雖然因產季問題無法觀察到活體，但至少知道牠會待在特定的開花植物上。另外要特別注意的是森林底層

狀態，這裡的森林底層與想像中的雨林不同，沒有那種一腳踩進去會陷入的厚度，整個綿延到地平線的雨林是有坡度的。雨季時，這些落葉腐植質會被瞬間大雨一路沖走，薄薄的落葉腐植下是帶著細砂的紅土與岩層。這時猛然想起日本甲蟲雜誌上的產卵墊材厚度，原來是產地環境如此，不得不佩服日本玩家研究如此透徹，應該是來過產地，確認過森林環境的狀態，選擇適合的方式而順利繁殖累代成功，我終於解開心中的謎團了。

1 兜型金龜可說是花金龜界的超級巨星，與長戟大兜相似的外表搭配亮麗的體色，很難不被牠吸引。

2 產於印尼加里曼丹的兜型金龜 *Theodosia nobuyukii*，雖然體型不大，但高聳的頭角一樣帥氣。

3 充滿雲霧的茂密雨林，就是兜型金龜的原鄉。（攝於婆羅洲叢林少女營地）

4 一如其他花金龜，只要遇到雌蟲絕對馬上抱緊處理。

5 當時使用的相機與拍照技術都還是幼幼班，無法將兜型金龜的美麗光澤完整呈現。

6 繁殖的環境布置，主要還是以高發酵木屑搭配腐葉土，並且放入大片的枯葉避免仰躺時無法翻身。

7 2001 年飼養的兜型金龜 *Theodosia viridiaurata*，當時的耗材、生態資訊、技術，都還不夠成熟，僅留下幾張照片。

體長可達 130mm 的鍬形蟲，也是世界最大種類──產於印尼的長頸鹿鋸鍬形蟲 *Prosopocoilus giraffe keisukei*。

世界最大鍬形蟲：長頸鹿鋸鍬形蟲

2001 年開始跑雨林，在此之前已購買多本日本昆蟲雜誌與甲蟲專書閱讀，其中有幾篇讓人印象特別深刻。日本甲蟲愛好者六月前往泰國清邁山區採集鍬形蟲，書中有多幅森林飄散雲霧的照片，圖說寫道「像這樣雲霧繚繞的環境是妖精的森林」。另一張照片是以菸盒當作比例尺，旁邊是一隻大型的長頸鹿鋸鍬形蟲 Prosopocoilus giraffa giraffa，圖說則是「期望可以看到超過 130mm 的巨大個體」，讓我神往不已。真的有那麼大的個體嗎？將來我一定要親自去產地找。後來我真的踏進清邁山區，迫不急待將這張照片展示給原住民，當晚點燈誘集確實來了幾隻，但體型與想像的完全不同，最大的體長 99mm，還不到 100mm。幾年後泰國政府因應保育團體要求，將本種劃為保育類昆蟲。超過 100mm 體型的鍬形蟲需要真正原始無開發的森林，比起其他體型較小的種類，大型種類更容易因為產地破壞而消失，這也是我一直跑雨林的主因。

老實說，長頸鹿鋸鍬形蟲是非常好繁殖與飼養的種類。雖然只要使用顆粒較細的高發酵木屑，在產卵箱中壓實約 20 公分左右就能讓牠產卵，但個人還是習慣準備中軟產木（櫟木楓香為佳）加上顆粒較細的高發酵木屑。布置時底部鋪上 5 公分的木屑壓實，木頭埋入約三分之二，通常我會放著等看到幼蟲再開挖，這時幼蟲應該都已經轉二齡了，比較急的蟲友可以一個半月就開挖產房。用高發酵木屑或菌瓶都能輕易養出大型個體，但個人經驗顯示如果無法維持飼養環境的恆溫狀態，溫度忽高忽低很容易讓幼蟲暴動或提早化蛹，導致體型無法達成預期。食材的更換時機也非常重要，必須特別注意幼蟲狀態並詳實記錄，想要養出大蟲一定是各細節努力的加總。

長頸鹿鋸鍬形蟲的產地很多，分為好幾個亞種。個人最早接觸的是原名亞種 ssp.giraffa，這是東南亞廣泛分布的種類，在泰國、寮國和馬來半島都有觀察經驗。體型最大的亞種 ssp.keisukei 產在印尼的佛羅里斯島、龍目島，我雖然去過佛羅里斯島，但時間並非本種產季（4 至 6 月為發生期），所以沒能在野外見到。菲律賓產的是目前所有長頸鹿鋸鍬形蟲中體型第二大的亞種 ssp. daisukei，曾向宿霧嚮導詢問去產地尼格羅斯島的行程，後來一直無法再連絡上該名嚮導而取消。還有好多個亞種分布在不同的國家與島嶼，依照目前的狀況，扣除每年固定行程，希望能再多跑一個國家或產地，將沒有在產地見過的種類記錄下來。

1　很多朋友說長頸鹿鋸鍬形蟲的亞種那麼多，真的很難分辨，最簡單的方式就是從大顎內齒來分辨。（圖為 *Prosopocoilus giraffa giraffa*）

2　長頸鹿鋸鍬形蟲體型與大顎內齒比例成正比，體型越大，齒突越明顯。（圖為 *Prosopocoilus giraffa daisukei*）

3　小型的雄性個體一發現我靠近，馬上舉起前足呈現緊張的狀態。（圖為長頸鹿鋸鍬形蟲原名亞種 *Prosopocoilus giraffa giraffa*，攝於泰國）

4　超小型的長頸鹿鋸鍬形蟲雄性，雖然大顎還是非常明顯，但幾乎沒有內齒突。（圖為 *Prosopocoilus giraffa daisukei*）

5　大型的長頸鹿鋸大埔亞種 *Prosopocoilus giraffa daisukei* 雖然沒有誇張的齒突，卻多了一種迷人的氣質。

6　長頸鹿鋸的雌性成蟲外觀幾乎都一樣，玩家一定要做好管理才不會弄錯。（圖為 *Prosopocoilus giraffe keisukei*）

7　由於沒有抓好換菌的時間點，讓幼蟲體重暴跌以至於養出剪刀牙這樣的超小個體。（圖為 *Prosopocoilus giraffe keisukei*）

巴拉望大扁鍬形蟲 *Dorcus titanus palawanicus* 擁有強壯的外觀與巨大的體型，是喜好大型扁鍬的玩家最愛挑戰的種類！

世界最大扁鍬形蟲：巴拉望扁鍬形蟲

　　國小五年級時在國父紀念館書展中買到一本翻譯的日本甲蟲書，第一頁翻開是一隻超大的黑色鍬形蟲，翻譯名稱為「呂宋大鍬形蟲」，旁邊的尺寸標示92mm。心想自己抓到的扁鍬形蟲最大也才將近70mm，這麼大隻粗壯也太厲害了，當時沒想到全世界最大的扁鍬形蟲可以超過110mm！

　　後來的圖鑑資料與翻譯都較為嚴謹，也詳細許多。終於知道當時那隻超大黑色鍬形蟲是產在呂宋島的帝王大扁鍬形蟲 spp. *imperialis*，也在書上看到擁有鋸子般大顎的巴拉望大扁鍬形蟲，便總幻想能親眼目睹、親手拿著。2002年好友將一對近十公分的巨大個體交給我繁殖，看著幾乎三分之二手掌大的雄蟲，心想被夾到應該很痛吧？突然間手指傳來劇痛，原來牠將我的手當作假想敵攻擊，直到我用指甲刮牠翅鞘末端，才讓牠鬆開大顎轉過頭，沒想到第一次上手就成功解鎖。回家立馬將產卵木充分泡水，使用一般的腐植土當墊材，木頭斜放埋入約三分之二僅露出一部分，在四個角落放入日本進口的果凍，布置好產卵環境後，讓這對新人入洞房。我當時不知道這種大型種類超會夾爆雌蟲（術語稱為爆母），並未將牠們分開，幸好運氣不錯，兩個月後開挖獲得十多隻一齡幼蟲與許多顆蛋。我讓幼蟲吃秀珍菇菌包（那時都是塑膠袋包裝），兩個月後換菌，最重的雄性三齡幼蟲達50克以上，當時與好友的震撼到現在還忘不了。可惜後來並沒有成為100mm以上的特大個體，而是不到80mm的中型個體，主要原因是我在三齡後期沒做好管理。當時天氣轉熱，但為了節約，我家中沒有開冷氣，導致於幼蟲無法順利進食，把菌鑽得亂七八糟，做好的蛹室也因為菌快速劣化而出水、倒塌。這次的經驗讓自己深刻反省，要將蟲養好，必須先將環境（溫控）準備好，才不會功虧一簣。

　　巴拉望鍬形蟲的產地是菲律賓巴拉望島。自己去過菲律賓幾次，跳了幾個島，也曾詢問前往巴拉望島探訪的機會，十多年前那還是一個處女地，無奈行程一直未能安排好。這幾年巴拉望島吸引許多觀光客，我也積極規劃前往，希望可以順利成行，並在森林中找到扁鍬中的霸主：巴拉望扁鍬形蟲。

小方法｜需要產卵木當作產房的鍬形蟲種類，個人通常會在產房布置前先將產木上的菌孔挖乾淨，布置好後在木頭與墊材邊用手指順著木頭插幾個洞，當成雌蟲可以鑽入的隧道，在某個程度上可以節省雌蟲的體力，盡快產卵。

1 巴拉望扁鍬雌蟲的翅鞘上有細微的刻點與紋路。
2 這是我個人最喜歡的角度，誇張的大顎與寬大的頭部，完全展現出最大扁鍬形蟲的霸氣！
3 小型雄蟲與台灣產的扁鍬形蟲非常相似，但可以從大顎長度比例與基部齒突位置來分辨。
4 從側面就可以看出身體的厚度，就算體型將近 100mm 也很「扁」，完全符合扁鍬的說法。
5 飼養成蟲時可以準備厚一點的墊材與大型果凍木，牠喜歡躲藏在墊材中或是果凍木下方。
6 產於印尼蘇拉維西的提風扁鍬形蟲 *Dorcus titanus typhon*，大顎與巴拉望扁鍬形蟲有明顯的差異。

黃尾炮步行蟲 *Pheropsophus javanus* 的體型雖然不大，但移動迅速，又有強大火力作後盾，可說是昆蟲界中的自走炮！

世界最狂甲蟲：炮步行蟲

許多人都知道甲蟲是擁有盔甲可以保護自己的昆蟲，所以常被稱為鐵甲武士。但甲蟲不只擁有堅硬的外表而已，牠們還有各自的獨門絕活，其中一些擁有高科技武器的種類，特別讓我驚豔。牠不像獨角仙有巨大的頭胸角，可以向前頂刺穿敵人；也不像鍬形蟲、天牛有強壯銳利的大顎，可以剪斷或夾爆敵人。牠在外觀上除了體型不大，腳比較細長外，就是一隻普通甲蟲的樣貌，但遭遇干擾或危險時，能從腹部末端噴發高溫帶著氣味的氣體來對付敵人，一般人稱牠「放屁蟲」，英文稱為 Bombardier beetle（投彈甲蟲），感覺頗為恰當。

大家可能看過國家地理頻道介紹「放屁蟲」的影片，畫面中一隻蟾蜍張嘴吞掉炮步行蟲，過沒幾秒吐了出來，步行蟲在黏液中掙扎了一下便跑開。這期間到底發生了什麼事？原來被秒吞的炮步行蟲啟動防禦機制，瞬間在身體裡混和了兩種化學物質，變成高溫灼熱的氣體噴發出來，讓想把牠當成點心的蟾蜍馬上吐出來。

2019 年春季我在金山的友善農田拍攝影片，正與好友八弟讚嘆沒使用農藥與化肥的水田充滿生物，腳邊突然跑過一個小小身影，細長黑色的身體，帶著黃色花紋，熟悉的外觀，這不就是國家地理影片中的那隻炮步行蟲嗎！雖然步行蟲行動迅速，但我伸手輕捏牠的一瞬間，聽到微微的噴氣聲並伴隨著一陣煙霧，手指末端有熱熱的感覺，鬆手後聞了一下，味道有點刺鼻。我終於理解蟾蜍將牠吐出來的原因了。試想如果吃到一個會發出聲音（噴氣聲）、有刺激性氣味和灼熱感的食物，任誰都吞不下去吧！

後來查了資料得知炮步行蟲的種類不少。牠們就像化學兵，隨時能發動攻勢，這必須歸功於身體中有化學物質的分泌腺與儲存槽，遭到攻擊時，兩種化學物質「過氧化氫」和「苯二酚」能夠迅速在反應槽中與催化劑融合，變成可以發射十次以上的武器。更厲害的是腹部末端還可依照敵人攻擊的方位來調整發射的角度，所以我認為牠所展現的能力，應該用現代化說法「生化武器自走炮」來形容！

1 身上黑黃相間的顏色與斑塊，非常適合牠在森林落葉底層中活動，具有隱蔽的效果。
2 使用鑷子當作是鳥嘴攻擊，夾住的一瞬間馬上靜止不動。
3 下一秒從腹部末端噴出高溫灼熱伴隨煙霧的氣體。
4 在馬來西亞溪流邊發現的炮步行蟲，外觀與棲息環境跟台灣發現的個體相當類似。
5 前胸背板有金屬光澤的豔胸黃星步行蟲 *Chlaenius bioculatus*，用手抓雖然不會遭遇「炮擊」，但會留下難聞的氣味。
6 趨光的步行蟲 *Dischissus japonicus* 鞘翅黃色斑紋讓我想到炮步行蟲的強大火力，還是遠觀就好。

新北近郊的次生林還保有一小片光臘樹，樹幹上剛好有獨角仙 *Trypoxylus dichotomus* 配對成功，旁邊的觀眾是黑尾虎頭蜂。

世界最好玩甲蟲：獨角仙

　　許多年前有人在冬天問我：「現在都看不到獨角仙，是不是絕種了？」這是一個很聳動也非常經典的問題，也是許多人的疑問。小時候我一直想找獨角仙，卻總是無法如願，直到取得一本翻譯的日本甲蟲書，有一篇讓我印象特別深刻，作者提到在森林中，將特製的黑糖水塗抹在樹幹上，放個幾天獨角仙就會出現。寒假期間，我迫不急待地如法泡製，每天都走進森林中看看樹幹，但總是失望而歸。後來才知道，冬天的森林是不會有獨角仙的。

　　獨角仙是一年一世代的甲蟲。每年五月底天氣轉暖，成蟲開始從台灣東南部、中部、北部陸續出現，台北最晚六月底可以找到成蟲的蹤跡，發生時序大概相差一個月。最先出現的是雄性，雌性會晚大約一到兩周。至於如何找到獨角仙？最重要的就是找到牠的食物來源「光臘樹」，光臘樹台語稱為白雞油，客語稱為雞油樹，是低海拔未開發森林與次生林常見的原生樹種。獨角仙利用頭部堅硬的部位與頭部下方的大顎推刮樹皮，造成樹木傷口讓樹液流出，是牠們最喜愛的食物。在大發生時期，樹幹上可說是一位難求，許多雄性會為了爭奪食物而大打出手，也是所有玩蟲人最想看到的畫面。當雄蟲與雌蟲在樹幹上相遇，就有機會配對成功。雄蟲會爬到雌蟲身上，規律且快速地揮動觸角，以及抖動身體，藉此傳遞愛的訊息。若雌蟲不感興趣會用後腳將雄蟲踢開，或爬離該處，若看對眼就會靜靜取食樹液，與雄蟲交配。雌蟲交配完會在森林底層的落葉腐植中產下卵粒，這樣的生態行為會在八月進入尾聲，此時森林中只能零星發現雌蟲。卵粒孵化為幼蟲後，會在地底下經過兩次脫皮一次化蛹，等待隔年春暖之際羽化為成蟲，爬出地表展開新生。

　　很多玩蟲的朋友入門就是飼養獨角仙幼蟲，雖然把雞母蟲養育至成蟲不難，但要將獨角仙養到很大卻沒有那麼容易，因為一般的腐植土營養不夠。必須使用較好的多次發酵木屑，搭配良好的飼養習慣，雄蟲才有機會超過八公分或甚至更大。

小方法｜想把蟲養大，除了提供好食物和良好的溫控以外，還要定時更換食材，絕對不要沒事就拿起來看一看，以免給幼蟲過多干擾。另外還要特別注意遮光，因為幼蟲都是住在暗無天日的環境中，遮光更符合牠們的棲息環境的條件。

1 獨角仙是使用頭部下方最前端的小小突起推破樹皮,下方特化的大顎也會協助刮推。
2 兩隻獨角仙為了爭奪地盤而大打出手。
3 飼養箱旁可見獨角仙的直立蛹室,前蛹的外表已經出現皺褶,代表即將化蛹。
4 已成功化蛹的雄性獨角仙,可以清楚看見頭角與胸角。
5 化蛹後的獨角仙可以由外觀直接分辨性別,雄蟲具有犄角,雌蟲則無。
6 我常常提醒大小朋友,找獨角仙時要先觀察附近有沒有虎頭蜂,如果有,必須保持距離避免發生危險。(圖為黑尾虎頭蜂)
7 獨角仙的體表顏色有偏紅與偏深棕色兩種,個人很愛紅一點的個體。
8 第一次自己發現獨角仙的笑容與心情,應該一輩子都忘不掉!

巨顎叉角鍬形蟲 *Hexarthrius mandibularis mandibularis* 最吸引人的就是誇張的大顎比例。

世界最神經鍬形蟲：巨顎叉角鍬形蟲

用「最神經的鍬形蟲」來形容巨顎叉角鍬形蟲，很多人認為有失公允。老實說還真的沒有科學數據可以證明，因為神不神經這種事應該是個人觀感問題。我認為可以用一個比較客觀的方法來看這件事，就是多數老蟲友都做過的「鍬形蟲的夾合能力測試」，讓牠用大顎夾夾看，可以夾手，也有人會很有勇氣地夾耳垂。目前為止個人認為台灣的鍬形蟲夾人最痛前三名分別是：紅圓翅鍬形蟲、扁鍬形蟲、鬼豔鍬形蟲（原齒型）。有人問我為什麼做這樣的測試，其實就是單純好奇而已。國外的鍬形蟲種類那麼多，我也試過不少，但很多大型種類幾乎都超過十公分，夾下去可不是好玩的，所以都會用「手在牠前面來回揮動」來測試，看牠是不是非常敏感（神經）。其中叉角屬的反應最為誇張，不管什麼風吹草動皆會讓牠們瘋狂地揮舞大顎，這大概也是這屬雌蟲的悲歌，因為雄蟲神經質的表現，常會將雌蟲當作假想敵夾爆，這也是許多蟲友心中的痛。

巨顎叉角鍬形蟲是世界第二大鍬形蟲，大顎頂點量至翅鞘末端可長達118.5mm，但只有產在印尼蘇門答臘的亞種 *Hexarthrius mandibularis sumatranus* 可以這麼大。雖然超過 110mm 以上的個體較少，但每年產地供給市場數量穩定。反之，產在婆羅洲的原名亞種 *Hexarthrius mandibularis* 目前體長最大約 112mm，但產地數量稀少，市場並不常見。兩個產地的雄蟲外觀大同小異，最簡單的方式就是從大顎的齒突位置與體色來分辨，原名亞種大顎齒突靠近大顎基部，體色黑帶著紅棕，蘇門答臘亞種齒突靠近大顎中間，體色也較黑。

叉角屬的母蟲不太容易分辨，若想挑戰繁殖，建議找蟲友或是昆蟲店購買繁殖的個體，確保種類不會出錯。繁殖與一般鍬形蟲布置無異，使用櫟木或楓香產木都可以，硬度偏中軟搭配高發酵木屑，木頭露出三分之二即可。雌蟲似乎喜好將卵產在木頭表面至接近木屑的位置，幼蟲個人認為並不算好養，因為使用雲芝菌雖然較容易養出大個體，但幼蟲折損機率相對較高。如果想保種而非拚搏大個體，最好使用高發酵木屑搭配溫控較為妥當。

1　產於婆羅洲的原名亞種體色偏紅棕，在陽光下更為明顯。
2　這片森林是孕育巨顎叉角的原鄉，也提醒我們保護森林的重要。（攝於婆羅洲叢林少女營地）
3　印尼的巨顎叉角 *Hexarthrius mandibularis sumatranus* 大型個體非常強壯，較黑的體色可作為區分
　　產地的辨識條件之一。
4　由側面可以知道大顎的彎曲弧度有多誇張，這種形狀的大顎多半用於將對手夾住後舉起甩出。
5　巨顎叉角的體型雖然不像扁鍬或大鍬厚實，但凶暴與神經程度是其他種類比不上的。
6　體長還不到八公分的巨顎叉角鍬形蟲已經有十公分等級的大顎表現。
7　叉角屬的雌蟲很難從外觀辨識種類，所以找到信賴來源非常重要。

枯倒木中發現的藍翅扁甲 *Cucujus mniszechi*，鞘翅的金屬藍色光澤讓人為之炫目。

超級扁的甲蟲：扁甲

　　剛開始採集甲蟲，學了許多方式，其中一種是個人在後期覺得最喜愛、裝備最輕鬆的「散步採集」。其實也不是散步等機會，而是因為經驗足夠了，走在林道上就能發現許多有蟲的微環境，例如本文主角：扁甲。這是一種曾被我誤認為鍬形蟲的甲蟲，看到這邊很多朋友會覺得也太誇張了，扁甲外觀與鍬形蟲差那麼多，怎麼會看錯？當時的我閱讀許多日本甲蟲書籍，對日本產的琉璃鍬形蟲印象特別深刻，以至於第一次發現扁甲時誤以為是琉璃鍬形蟲，讓同伴笑掉大牙。

　　1999 年與幾位好友前往清境採集，大家在林道上散步聊天，旁邊一棵胸徑大小的枯倒木引起我的興趣，便自顧自地剝起樹皮觀察，在樹皮與木質間發現許多小蟲，當時對這些隱翅蟲與小型甲蟲一點興趣也沒有，便將樹皮蓋回去，離開時發現樹皮表面有一隻又扁又小的甲蟲，鞘翅閃爍著藍色光澤，巨大頭部與大顎，瞬間想起日本圖鑑上的琉璃鍬形蟲，以為是台灣第一筆琉璃鍬形蟲紀錄，馬上大喊朋友快來。大家又驚又喜地跑來，但看到蟲的瞬間氣氛就冷卻了，開始質疑牠到底是不是鍬形蟲，光是觸角外觀就已證明絕不是鍬形蟲。當下被大家笑慘了，卻也是我認識這種有趣甲蟲「扁甲」的開始。

　　扁甲屬的種類不多，全世界才十多種，台灣記錄了三種扁甲，分別是黑翅扁甲、紅翅扁甲、藍翅扁甲。還沒開始拍照的年代，我常常到處跑，看到扁甲的機率不算低，只要翻林道旁枯倒木的樹皮就有很大的機會發現，其中黑翅扁甲個人有較多的觀察紀錄，在北橫、中橫海拔約 1,000 公尺左右的山區，甚至在將近 2,000 公尺的山區都有找到。偶可見到成蟲與幼蟲共棲，扁甲幼蟲體態跟成蟲一樣身體扁平，有蟲友笑稱像「被壓扁的天牛幼蟲」，這樣的身形有助於牠們在樹皮夾縫求生活。藍翅扁甲的採集紀錄就比較高一點，至少 1,500 公尺以上的山區，個人經驗都是在會發出香味的樹種發現，可能是紅檜或香杉的枯倒木，不確定有沒有專一性或是巧合。至於紅翅扁甲個人還沒有實際的觀察紀錄，蟲友提供的資訊都是在較高海拔的山區，期待未來有機會能在自然環境中相遇。

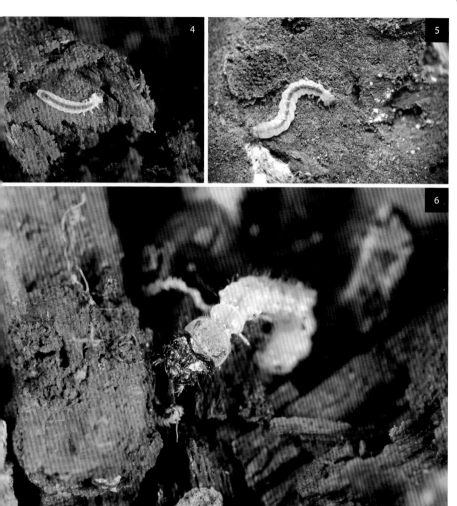

1 從側面觀察便可得知中文名稱「扁甲」的由來，這樣的身形適合在樹縫中活動。

2 台灣大型扁甲總共有三種，本種是居住海拔較高的紅翅扁甲 *Cucujus haematodes opacus*。

3 綜合觀察與採集資訊，棲息低海拔山區的是黑翅扁甲 *Cucujus nigripennis*。

4 在找到扁甲成蟲的木頭中發現應該是小齡期的幼蟲，身體呈透明狀，可以看到吃進身體的食物顏色。

5 較大齡期的幼蟲體色成半透明米黃色，可惜採集後未能成功飼養成蟲，推測是食物與溫度沒有掌控好。

6 撥開木頭也發現虎甲蟲的幼蟲，可能是扁甲幼蟲的天敵之一。

產於菲律賓的球背象鼻蟲 *Pachyrhynchus orbifer*，身體上的斑紋相當華麗。

美到不可思議的甲蟲：球背象鼻蟲

　　大多數人看到產於蘭嶼或綠島的球背象鼻蟲與硬象鼻蟲，都會發出驚嘆：這種蟲也太漂亮，就連怕蟲的朋友都會說這個我可以！我在好奇心驅使下不免會問對方到底是什麼魔力讓恐懼消失？答案多為：圓滾滾的很可愛、花紋很有趣、顏色像蒂芬妮藍。昆蟲的外型、花紋和色彩確實會影響許多人的喜好，而球背象鼻蟲的外型可以說是非常討喜。2012年我曾在《昆蟲臉書》中寫過台灣的球背象鼻蟲，特別提到其身上的花紋是鱗片組成，剛羽化成蟲時花紋完整亮麗，活動久了會磨損甚至消失，讓許多朋友大開眼界。

　　菲律賓是這類甲蟲多樣性最高的國家。台灣科博館的研究人員曾多次前往調查，蒐集樣本並從外觀與分子生物技術來研究，得到的結果跟這類甲蟲的多樣性一樣，讓人大開眼界。相同產地可以發現幾個外觀不同的類群，各自棲息在不同的寄主植物上。但有些體型、斑紋相似的種類如果沒有仔細觀察，只會覺得有些個體似乎不太一樣，但又說不出哪裡怪。直到仔細比較差異後，才發現牠們竟然是不同類群的種類！分子證據的數據也證明這點。通常球背象鼻蟲前胸背板上的斑紋形狀與排列較為穩定，可做為區辨種群的參考，翅鞘的斑紋則是充滿變化，有很多趨同演化的情形。

　　另一方面，不同地區可能會有同一個種類的族群分布其間，但每個族群之間都有多或少的斑紋、色澤差異，可能兩地差個十多公里就長得不太一樣，或每個島嶼都不同。這些高度的變異使得傳統依照外觀形態特徵的分類方式非常頭痛，這些種類到底是不是同一種？如果是不同種類，種的特徵定義到底是什麼？每個種的分布情況為何？自然界有太多我們尚無法釐清的問題，球背象鼻蟲可以算我心目中，最迷人卻又最多問題等待處裡的甲蟲種類之一。

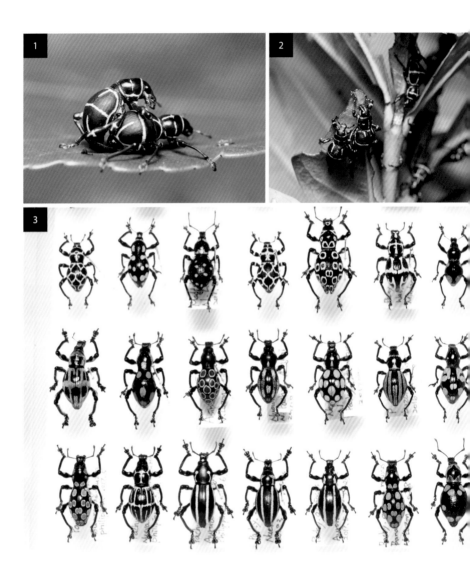

1 正在交配的球背象鼻蟲 *Pachyrhynchus moniliferus*，體表花紋與產於蘭嶼的斷紋球背象鼻蟲非常相似。
2 只要找對食草，就不難找到這些可愛的球背象鼻蟲 *Pachyrhynchus moniliferus*。
3 精彩到讓人眼花撩亂，猜猜看這盒有幾種硬象鼻蟲族（Pachyrhynchini）的種類？
4 如果不是發現頭部兩側細長的觸角，很難分辨這是球背象鼻蟲還是天牛。（*Doliops* sp.）
5 球背象鼻蟲 *Pachyrhynchus speciosus* 金屬光澤體色搭配淡雅線條，與原住民圖騰非常相似。
6 *Pachyrhynchus reticulatus* 黑底色讓藍色的網狀花紋更加出色。
7 這隻 *Macrocyrtus (Exmacrocyrtus)* sp. 的種類，牠身上的斑紋就像銀河星空一樣美麗。
8 還沒在其他甲蟲身上看過這樣美麗的桃紅色金屬光澤，上為 *Pachyrhynchus sumptuosus* ，下為
  Pachyrhynchus sp.。

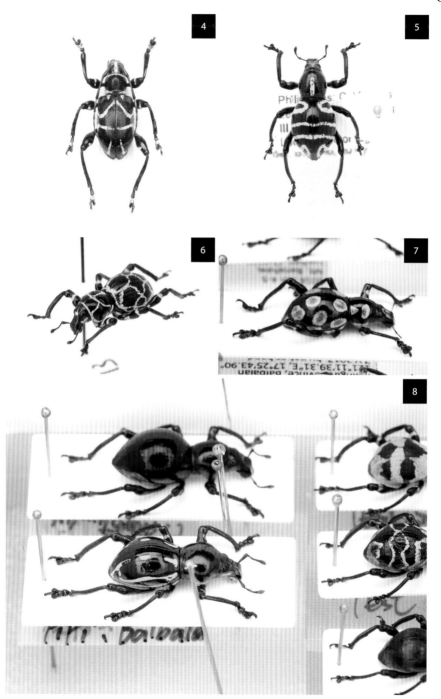

飛到布上的筒蠹蟲 *Arractoerus monticola*，乍看之下還以為是長翅膀的麵包蟲。

世界最不像甲蟲的甲蟲：筒蠹蟲

2013 年第一次前往海南島，在尖峰嶺保護區待了幾天，每晚最期待的就是燈光誘集。從第一晚起到離開絕無冷場，來的昆蟲種類多到眼花撩亂，除了用心拍攝之外，也特別注意「首見」的甲蟲、螳螂、螽斯、蛾類和蟬，直到累受不了才回房睡覺。如果沒記錯應該是第三個晚上，當天運氣很棒，找到心儀已久的海南角螳還有海南棘螽的雌性成蟲，正打算再巡一次就要休息，沒想到布上出現一隻奇怪的蟲，讓我精神都來了。這是一隻外觀細長呈圓筒狀的昆蟲，頭部兩側是巨大的複眼，頭、眼比例不輸蜻蜓，頭部正下方是明顯的咀嚼式口器，超長的腹部與翅膀，突然間我愣住了，只有一對翅膀！？這是哪一個類群的昆蟲？我在腦中的資料庫努力翻找，仍得不到答案，只好多拍攝幾個角度，回台灣後找好友汪博求證，結果是筒蠹蟲，一種外觀完全不像甲蟲的甲蟲。大家別忘了我曾在《甲蟲日記簿》一書中寫到，「咀嚼式口器，第一對翅膀特化為鞘翅」是甲蟲最重要的基本辨識特徵。

2019 年跟林管處的志工老師分享「甲蟲大觀園」，課程中介紹各種稀有、特別、有趣的甲蟲。從甲蟲定義、辨識、種類、外觀一路聊到跟環境還有人的關係。這次課程放了幾種外觀特別的甲蟲照片，包括筒蠹蟲，志工老師聽完介紹後很好奇，筒蠹蟲的外觀看起來還比較像蚊子放大版或是大肚子蛾類，「為什麼是甲蟲？」志工老師問道。我當下腦袋空了幾秒，其實我也不知道為什麼沒有前翅（鞘翅）也算是甲蟲，再加上簡報中沒有前胸的特寫，就更難解釋了。下課後我趕緊發訊息請教好友，在好友引導下，我回家將照片找出來，仔細觀看後發現確實有前翅覆蓋在後翅基部，只是小到讓人幾乎不會注意。所以，筒蠹蟲有咀嚼式口器，前翅特化為鞘翅，是甲蟲沒錯。

小知識｜很多朋友問我，甲蟲特化的前翅是鞘翅還是翅鞘？由於這是中文名稱，基本上聽得懂就好。但說到分類時會用「鞘翅目」，不會用「翅鞘目」喔。

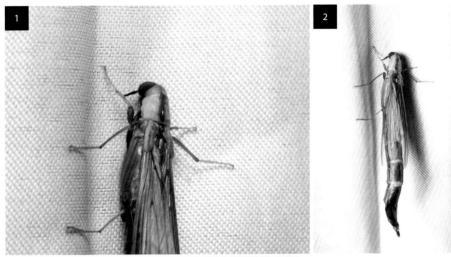

1 可以清楚看到蓋住後翅基部的就是前翅，小小一片很容易讓人忽略。
2 外觀細長呈現筒狀，這應該是中文名稱的由來。
3 複眼的比例超過頭部的三分之二，可清楚看到大顎與觸角。
4 兩隻都是產於台灣的筒蠹蟲，體色與體型差異很大，上為 *Arractoerus monticola*，下為 *Arractoerus sp.*。
5 第一次看到筒蠹蟲（Lymexylidae）是在海南島，因為外型實在太詭異，當時還以為自己發現新種昆蟲，讓同行友人啼笑皆非。
6 南美秘魯燈光誘集來的筒蠹蟲（Lymexylidae），腹部末端兩側有翼狀突起。
7 具想像力的朋友說，這個角度的複眼很像他年輕時代的雷鵬墨鏡。

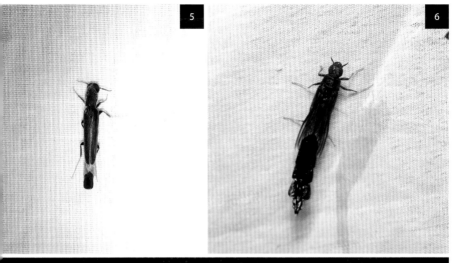

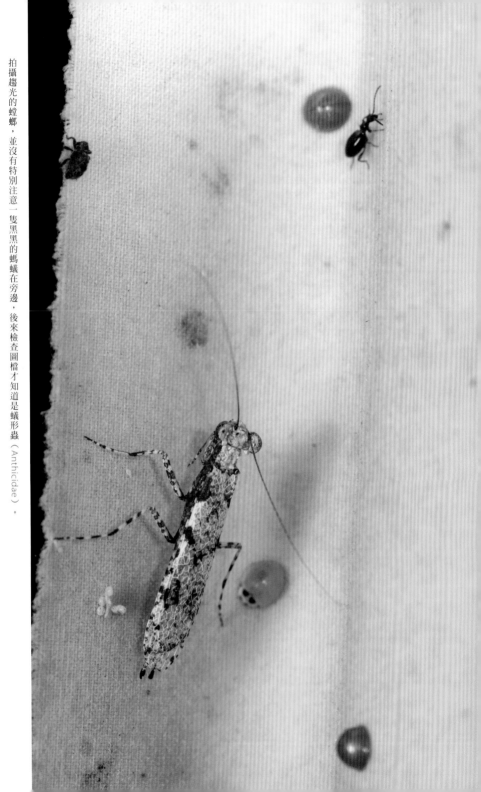

拍攝趨光的螳螂，並沒有特別注意一隻黑黑的螞蟻在旁邊，後來檢查圖檔才知道是蟻形蟲（Anthicidae）。

最像螞蟻的甲蟲：蟻形蟲

我很愛到山區找趨光的甲蟲，最初都是在路燈、宮廟、公廁光源旁細心找尋，任何夜晚發光的地方都很吸引我。後來開始以發電機作為電力來源，探索的山區變得更廣，但不是每次都有好收穫，當目標蟲遲遲沒有出現，我便開始學習觀察被燈光吸引來的其他昆蟲。夜間趨光的昆蟲種類很多，鱗翅目蛾類與鞘翅目甲蟲算是大宗，半翅目蟬類與椿象、膜翅目的蜂類與蟻類也不少。其中有一種讓我印象特別深刻，就是外觀像螞蟻但實際上是甲蟲的蟻形蟲。

第一次看到牠（那時還不知道是蟻形蟲）是在泰國清邁。當天的目標蟲是五角大兜，第一波飛蟲的時間是晚上八點左右，我把布上與地上的蟲放到水桶後開始觀察，這時看到好幾隻螞蟻在布上跑來跑去，心想螞蟻也趨光，難道是這個季節婚飛*的種類，身上的翅膀可能掉落了吧。可是那個觸角與螞蟻不太像，我很疑惑。很快地第二波五角大兜開始飛，忙碌之餘我便忘了這件事。隔年在台灣山區點燈時又發現類似的昆蟲，當天蟲況並不好，就把牠當作主要觀察的對象。我想起「螞蟻的觸角是曲膝狀」，但眼前這隻很像螞蟻的昆蟲觸角是念珠狀，應該不是螞蟻吧。此時，這隻小蟲打開翅鞘、展開後翅瞬間飛走，有翅鞘是甲蟲呀！回家後馬上在網路上搜尋「螞蟻形狀的甲蟲」，但顯示的資料都是喜蟻性的甲蟲，例如棒角甲或隱翅蟲，跟朋友討論後才知道可能是蟻形蟲。

蟻形蟲對當時的我來說相當陌生，原以為可能就是幾種外觀像螞蟻的甲蟲，查資料後發現蟻形蟲科大概有上百屬，多達 3,000 個種類，是一個很大的類群，除此之外並沒有太多的觀察資料與紀錄，更別說完整的生態紀錄。有段時間我很關心這些小甲蟲，除了外觀跟螞蟻很像，爬行的姿勢也跟螞蟻殊無二致，有時是在花朵上驚鴻一瞥，有時夜觀會看到牠們在葉子上移動。朋友跟我分享過蟻形蟲的食性與螞蟻非常相似，曾見過牠們取食昆蟲屍體、腐果和花蜜。我期待自己有機會完整記錄這種迷你甲蟲的生活史，一定相當精彩。

---

* 婚飛是指某特定季節內，螞蟻、白蟻、蜂類離開巢穴飛向天空找尋另一半交尾的過程。

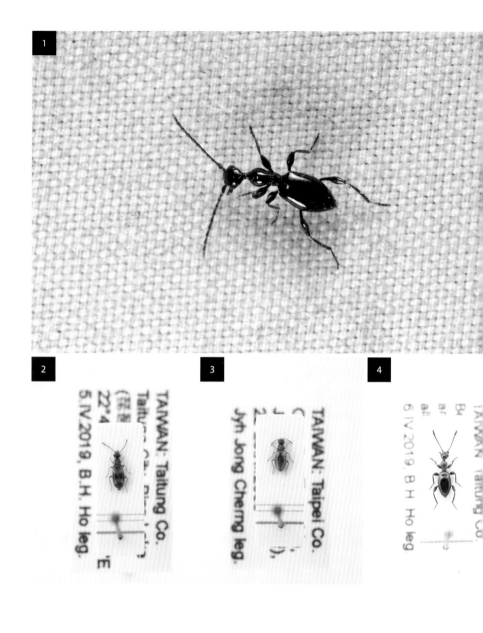

1

2

TAIWAN: Taitung Co.
Taitu▱▱ ▱▱ ▱▱▱▱▱
(▱▱ ▱)
22°4▱▱▱ ▱▱▱ 'E
5.IV.2019, B.H. Ho leg.

3

TAIWAN: Taipei Co.
C▱ ▱ ▱
J▱ ▱ ▱).
2▱▱ ▱
Jyh Jong Cherng leg.

4

TAIWAN Taitung Co
B4
ar
all
6 IV 2019, B H Ho leg

1　體色黑到發亮，這張放大的特寫是移動瞬間拍攝，當下真的會以為是螞蟻。

2　產於台中的蟻型蟲（Anthicidae），體長只有 2mm，乍看之下比較像步行蟲，放大後從頭部與前胸的形狀才看出差別。

3　產於台北的蟻型蟲（Anthicidae），體長小於 2mm，非常精緻的小型甲蟲。

4　產於台中的蟻型蟲（Anthicidae），體色看起來與舉尾蟻非常相似，或許有擬態的意義。

5　放大後才看清楚蟻型蟲（Anthicidae）的樣貌，體長為 1~3mm，顧名思義就是外型與螞蟻相似的蟲。

6　頭部形狀非常奇特的螞蟻，剛看到時還以為是某種甲蟲。（Cephalotes sp.，體長約 8mm，攝於南美洲）

7　如果沒有仔細看，真的很容易將蟻形蟲當螞蟻。（體長僅 1.5mm 的螞蟻〔Myrmicinae〕，攝於南美洲）

想了好幾年終於在產地的燈光下，見到趨光的台北脊頭鰓金龜 *Miridiba taipei*。

最神祕的台北脊頭鰓金龜

在玩甲蟲的過程中，鍬形蟲和獨角仙是最吸引我的，其次是頭上長角或體色亮麗的金龜子，至於外表黑色或咖啡色的金龜子，我經常會忽略牠，許多朋友都笑我是「外貌協會」會員。直到 2015 年，李春霖博士與楊平世老師、王玥媁老師共同發表台北脊頭鰓金龜，我才開始認真想看這些外觀並不突出的種類。

2015 年發表當時所依據的八件標本分別是採自新北市林口與台北市，都是1990 年之前的標本，當中有六件是 1967 年在台北植物園採得（天呀！比我還老）。經由研究團隊比對台灣附近國家的近緣種類，確認為新種，因為所有的標本採集地皆為台北，因此團隊以台北為本種金龜命名。我看到報導，知道產地在台北植物園，但沒有機會看到林試所的標本與標本籤，無法得知採集日期。雖然知道是春季發生的種類，但沒有正確採集時間，恐怕得多跑好幾趟。由於報導時間已經是初夏，所以把目標定在 2016 年春季執行。

二月還太冷，依自己對這類甲蟲的經驗，成蟲就算羽化了也還蟄伏在土繭中，所以決定三月底從南美洲回台後再前往植物園探訪。結束秘魯行程的隔天晚上七點半，我拿著手電筒，沿著植物園園區道路周邊的小路燈前進，找了一個小時，一無所獲，連屍體都沒發現，接下來幾天也一樣，只好再等明年。

之後幾年都因為太忙而錯失最佳時間，不是太早到還沒出，就是已經結束。我有點想放棄，畢竟又不是顏值非常高的種類，但內心總有一點不甘。直到 2020 年二月中跟好友彬宏聊到這種金龜，他說時間應該差不多了，讓我重新燃起希望，但苦於常常要出節目外景，所幸有好兄弟一峯幫我探路，並拍照確認停在地上的種類是否為台北脊頭鰓金龜。從外觀來看確定是剛出的新蟲，體表上確實有細細的長毛。一回到台北馬上前往植物園，這次順利記錄到本種，之後一周在彬宏建議下，陸續於台北周邊幾個綠地發現本種。我推論早期的台北應該隨處可見，後因環境開發，目前只剩下少數幾塊維持良好（沒有噴灑農藥與開發）的綠地能發現族群。

50 年前採集的標本，因為良好的保存再經過科學家的研究，順利發表為新的種類，讓我們更能理解採集研究與環境保存經營的意義。

| 小知識 | 存放空間必須有良好管理，才能讓標本在 50 年後還維持完整的外觀。如果環境過於潮濕，標本容易發霉，也會有標本蟲將蟲體蛀蝕殆盡，之前曾聽朋友說過，去某些單位檢視標本時，箱號位置都沒錯，但標本只剩下一根昆蟲針與標籤被吃剩的碎屑。真正好的存放空間必須恆溫恆濕，每年都要對標本庫燻蒸除蟲。新的標本要入庫，必須先冷凍除蟲，才能放進蒐藏中。 |

1 晚上六點半後可以見到大量的趨光個體，通常都會短暫停下來，然後繼續繞著燈光飛行。
2 無法安全降落的個體，如果旁邊沒有可以抓的落葉或枯枝，就會翻不過來。
3 數數看畫面中有幾隻台北脊頭鰓金龜？
4 不開發、不破壞、不用藥的綠地能讓一個物種長久存在，或許小時候我就看過牠了，只是今日只剩下零星的地方能發現。
5 被路過或運動的民眾無心踩踏的個體，或許在本種的發生期時可以做些保育措施和設施來降低這類傷害。
6 「脊頭」之名來自於頭部兩複眼之間的橫向隆起。
7 從側面來看，與一般常見的大肚子胖金龜真的很像，但本種特色就是「身上長毛」。

金屬光澤加上色彩豐富的吉丁蟲 *Chrysochroa fulgens*，可說是我去泰國最想看到的種類。

甲蟲界的珠寶

　　甲蟲之所以擁有五顏六色的繽紛色彩，跟牠們怎麼活下去有相當大的關係！

　　自然界中，鮮紅色、鮮黃色，或是由紅黑、紅白、黃黑、黑白等雙色或三色相間所構成的斑紋，往往是所謂的警戒色，代表這隻昆蟲有毒或不適口，警告天敵別輕舉妄動。這幾種顏色的色素，有的本身是有毒性的（如端紅蝶的紅端），是代謝產物堆積而成。有的則是體內的毒，或是忌避性的排出物（糞便、血液、分泌物，或像炮甲的氣體），例如豆芫青 *Epicauta hirticornis*，鮮紅的頭部搭配黑色的身體，一眼就能認出來。就是「警告」意味濃厚的色彩訊息。好友丸山宗利博士也在書中舉例，大小朋友都喜愛的紅底黑點點可愛瓢蟲，只要遭遇天敵攻擊，會馬上分泌出黃色具有惡臭的忌避物質。鳥類非常討厭這種氣味，只要一次便記住這種感覺，日後再看到瓢蟲也不會想吃牠們，算是非常成功的警戒色。

　　外表像電鍍或是非常耀眼的金屬光澤，在大自然中又是另一種隱身技法。因為白天的森林中有許多葉子或物體會反光，這些金屬光澤在不同的角度反而具有另一種遮蔽的效果。意思就是在眾多的反光中，蟲體的反光也在其中，於是變得隱蔽，更不容易讓天敵發現。

　　自己也被這些耀眼的光澤騙了數次。有次在泰國清邁的鄉間小路漫步，好友指著樹上葉子說有隻吉丁蟲。我朝他手指的方向看過去，卻怎麼也看不到，直到朋友走過去，吉丁蟲被嚇飛，我才發現就在眼前。原來我被各種反射陽光的閃光迷惑了，明明看到牠了也當作不是。當然也有例外，2017 年夏天我在富陽生態公園帶親子生態觀察活動，從生態池往福州山路上，右前方的枯樹頭竟然有個黑點閃爍藍色光澤，靠近發現是圓滾滾的琉璃豆金龜。一旁的人莫不嘖嘖稱奇，怎麼那麼遠就知道有蟲在木頭上，其實就是外表的反光出賣了牠。

　　許多人以為甲蟲的外表非常光滑，但是透過放大鏡或是高倍率的鏡頭，便可看到表面有許多小孔洞，有的種類披覆細短毛，甚至還有由毛演化而成的鱗片。一些體表或鱗片上的奈米級微細結構能使光線在結構間產生散射，產生隨角度變化而變色的光澤。因為體表有一層能夠反射特定光線波長的細微構造，這種構造而產生的發色稱之為「結構色」。甲蟲的種類不同，結構色與色素的組成也會有差異，最後形成不同的光澤與顏色。有的甲蟲會褪色，其實是體表磨損或是鱗片脫落。有些種類在高濕度與低濕度的環境，體表顯現的顏色也會

不同。單就這些甲蟲身上豐富而迷人的色彩就不難理解，為什麼有那麼多色蟲
（有顏色的甲蟲）愛好者啊。

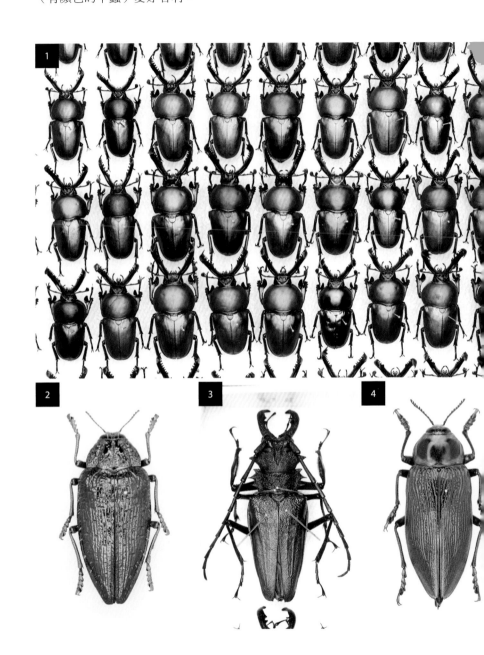

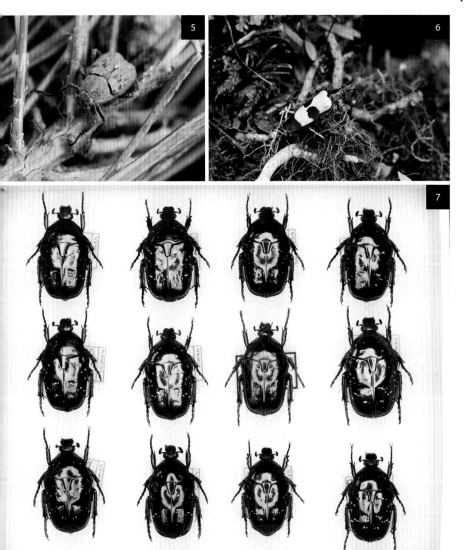

1 印尼產的金鍬型蟲 *Lamprima adolphinae* 個體顏色相當多變，如果用漸層的方式排列，就像藝術品一樣可以好好欣賞。
2 產在馬達加斯加的吉丁蟲 *Polybothris sumptuosa gema*，體表是超級夢幻的藍色金屬光澤。
3 產於南美洲的琉璃鬼天牛 *Psalidognathus sp.*，體表像月球表面充滿坑洞，搭配華麗的翠綠色光澤。
4 產於秘魯的大型吉丁蟲 *Euchroma gigantea gigantea*，可說是身體最寬厚的種類，身上是低調的金屬光澤，當地人會抓來火烤後當作零嘴食用。
5 長腳金龜 *Hoplia sp.* 體表布滿細小的鱗片，顯露出另一種素雅的美。
6 飛行能力很好的吉丁蟲 *Chrysochroa buqueti buqueti*，顏色對比強烈。
7 台灣最常見的藍艷白點花金龜 *Protaetia inquinata*，將顏色收齊了一樣閃耀奪目。

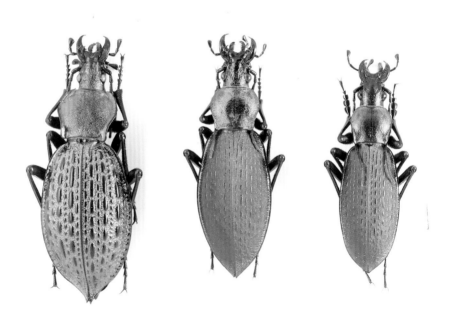

亮麗繽紛的步行蟲吸引許多蟲友投入飼養與繁殖的挑戰。（*Carabus* spp.）

飼養步行蟲會是下一波流行？

2000 年常到台大昆蟲系找朋友聊蟲經，其中一位是現在台灣昆蟲館的館長柯心平，他在台大榮譽教授楊平世老師指導下研究當時的保育類——擬食蝸步行蟲。擬食蝸步行蟲在森林中不難見到，漂亮的體色也非常吸引人，因為是保育類，只能欣賞不能褻玩。當時研究室的桌上有一個飼養箱，箱中放著淺淺的腐植土，還有一塊泛著綠光的肉塊，旁邊一隻長相奇怪的黑蟲在扭動，後來才知道那是步行蟲的幼蟲。我以前認為擬食蝸步行蟲是雲霧帶才有，後來在東華大學認識也是研究步行蟲的葉人瑋同學，聊過才知道平地也有族群存在，生物的分布真是讓人跌破眼鏡。2009 年以後擬食蝸從保育昆蟲名錄中移除了，也開啟大家飼養這類甲蟲的風潮。我曾透過朋友取得兩隻幼蟲，原以為餵食豬肉就能養至成蟲，結果不如預期，不到一個月相繼死亡，自己都搞不懂為什麼。

　　拜臉書在台灣風行之賜，2018 年出現一個以步行蟲飼養交流為主的社團「臺灣步行蟲交流社」，因為是好友成立的，創團時就已將我加入。閒暇之餘瀏覽團員們的貼文，才驚覺步行蟲的世界如此鮮艷美麗，把不同種類的步行蟲排在一起，將顏色稍作調整，馬上呈現比彩虹還要讓人雀躍的色彩。在社長的鼓勵下，個人也嘗試飼養與繁殖步行蟲，老實說交配繁殖並不難，只要飼養環境的溫度控制好（工作室約 24 度），雄蟲一發現母蟲就像急色鬼般追上去，很快完成交配的使命。產卵環境也算簡單，許多玩家使用陽明山土與椰纖土 1：5 混合，我則直接使用手邊現有材料，腐植土與椰纖土各半，混合做為產卵介質，濕度比照繁殖獨角仙的狀態，飼養箱底層壓實約五公分，表面放幾片葉子與樹枝讓成蟲躲藏用，如果一切順利大約一至兩周就可以挖蛋，卵大概三周左右孵化。由於是肉食性必須提早準備牠的食物——蝸牛，只要食物無虞，幼蟲會很快轉齡、化蛹、羽化。實際飼養過程中發現最難的是張羅食物，原以為路旁公園的蝸牛都可以，結果並非這麼簡單，因為隨便找到的蝸牛身上可能帶有農藥，餵食會造成幼蟲死亡，而且幼蟲也會挑蝸牛，球蝸與扁蝸最好，小隻的非洲大蝸牛（一公分至兩公分）也可以應急，最好不要使用常見的外來種高音符絲鱉甲蝸牛（*Macrochlamys hippocastaneum*），幼蟲吃了之後經常暴斃。以一隻幼蟲到成蟲需要消耗 50 到 80 隻蝸牛來看，我深覺繁殖蝸牛以供應步行蟲飼養與寵物市場的需求或許會是門好生意。

1 飼養步行蟲最重要的就是牠的食物，圖中放了滿滿的球蝸牛，就是怕牠們餓到。（圖為疑步甲孝感亞種 *Carabus elysii xiaoganicus*）

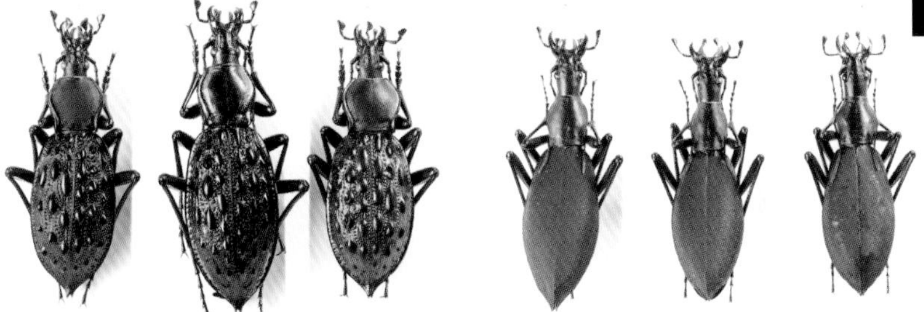

2 日本產的北海道食蝸步行蟲 *Damaster blaptoides* 外觀細長，鞘翅上沒有大型瘤突，可以與擬食蝸步行蟲區分。

3 同一盒中準備交配繁殖的北海道食蝸步行蟲個體。

4 飼養空間最好布置樹皮與枯葉，方便牠們躲藏。（圖為北海道食蝸步行蟲 *Damaster blaptoides*）

5 製作步行蟲標本的方式有很多種，個人很喜歡將腳靠近身體的展足方式，相較於把腳拉開，節省非常多空間。（左三為紅裙步甲，右三為食蝸步行蟲）

6 擬食蝸步行蟲的大齡幼蟲捕食蝸牛。

如何養甲蟲

3

成蟲飼養空間

　　不同種類的甲蟲都有基本的存活要求。常常看很多愛好者拿著小小盒子養甲蟲（昆蟲），雖然甲蟲不愛動，但至少要有足夠空間供其活動，透氣性也要好才不會太悶。從飼養空間來看，個人有計算公式讓大家參考，容器的長寬高各等於甲蟲體長的 2.5 倍、2 倍、2 倍。小於這個尺寸對甲蟲來說雖然不至於造成緊迫，但至少要能轉身，才不會卡住時掙扎反而耗損體力。夏天時使用防果蠅的或是沒有足夠透氣設計飼養箱的朋友，一定要放在有空調的環境或者夠陰涼的地方，否則甲蟲很容易因為過於悶熱而死亡。

| 小提醒 | 看過許多蟲友使用分隔盒飼養較小型的甲蟲或是雌蟲，雖然方便好管理，而且節省空間，但分隔的空間與蓋子有細縫，常造成甲蟲的跗節被夾斷或是崩牙。建議分隔盒只能短暫使用，若要長期飼養請使用符合上述比例的飼養盒或容器。 |

以裡面飼養的甲蟲與缸子比例來看，是相當標準的飼養缸。（攝於彩蟲屋）

戰神大兜 *Megasoma mars* 這類型兜蟲，建議使用較大的缸子來飼養，也可用大型果凍台，讓牠能平穩地抓住。
（攝於彩蟲屋）

圖中這座給巨顎叉角鍬形蟲 *Hexarthrius mandibularis sumatranus* 的飼養箱，環境布置得相當好，活動空間非常足夠。

M 號飼養箱布置的環境很適合中型大小的莫瑟里黃金鬼鍬形蟲 *Allotopus moellenkampi moseri*。

成蟲飼養墊材

　　墊材可以使用木砂、木屑、水苔、樹皮，鋪設厚度至少要能讓甲蟲藏身於其中。木砂的好處是吸收甲蟲排泄物與多餘的果凍汁液，讓環境較為乾淨，變成粉末狀的時候就該更換了。昆蟲用的木屑、腐植土都可用來當成蟲的墊材，不要噴太多水，基本上跟木砂效果差不多，較大的問題是如果濕度太高加上環境不好容易滋生木蝨。若使用水苔，要先取適量泡水，待水苔充分吸水膨脹後，再取出擠乾，鋪於飼養箱中（擠越乾越好），效果如同木砂可以吸收排泄物與多餘果凍汁液。當水苔顏色變深或摸起來黏滑，就代表該更換了。若使用樹皮，可以多放幾片，堆疊成立體空間以便甲蟲躲藏，也可以與其他墊材搭配使用。如果打算從野外撿取樹皮、樹枝，必須注意環境是否噴灑化學藥劑，回家後先泡水洗淨再曬乾，避免直接使用。以上這些用品都可輕易在昆蟲店購得。

| 小秘訣 | 使用墊材最擔心孳生蟎蟲，最好的預防方式是將蟲體清潔乾淨再放入飼養箱，墊材定期更換。若飼養箱中原本有其他甲蟲，把蟲移出後最好將墊材一併更新。高規格的維護才能得到好的飼養環境。 |

很多蟲友使用腐植土直接當墊材飼養成蟲，但久了就太腐朽，如果水噴太多就會變成泥，容易卡在成蟲身上，也很容易長木蝨。（圖為彩虹鍬形蟲 *Phalacrognathus muelleri*）

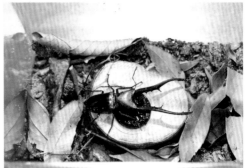

使用松木塊作為成蟲飼養環境布置，搭配歐洲深山鍬形蟲 Lucanus cervus 最為恰當。因為歐深產地就是這類松樹。

以落葉作為成蟲飼養布置，因為輕薄，很適合搭配小型或是細緻的鍬形蟲。（圖為美它力佛細身赤鍬形蟲 Cyclommatus metallifer finae）

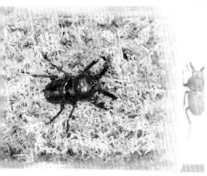

水苔飼養成蟲的好處是維持穩定濕度，但最好放置於溫控室中，避免過度悶熱。（圖為彩虹鍬形蟲 Phalacrognathus muelleri）

產卵木屑的好處是較為乾淨，也不容易腐朽，用於飼養成蟲非常方便，臨時需要也可以充當產卵墊材。（圖為多瑪立鬼艷鍬形蟲 Odontolabis dalmanni celebensis）

因為長臂金龜的排泄物味道比較重，使用木砂搭配落葉兼具除臭與自然風情。
（圖為派瑞長臂金龜 Cheirotonus parryi）

成蟲飼養食物

食物盡量使用果凍比較方便。曾有朋友自豪地使用水果餵食，結果滋生果蠅，一周後便宣告投降。至於口味的選擇以單純飼養或繁殖做區別，黑糖、樹液口味用於一般飼養，香蕉、乳酸、蜂蜜用於繁殖。

我會調製專門的食物讓不同狀態的甲蟲食用，例如添加新鮮香蕉泥的高蛋白果凍給待產或生產的雌蟲，添加 50 倍稀釋的蠻牛在樹液或黑糖果凍給準備交配繁殖的雄蟲，一般飼養會使用 100 倍稀釋的蠻牛添加在果凍中。我也專門為花金龜設計菜單，考量牠們會取食花蜜，特別調製花粉液加在果凍以增加營養。這些添加方式我已經使用數年，食用後的甲蟲狀態都維持得不錯，務必記得要稀釋後再餵食，因為人體與蟲體所需要的營養量並不相同，直接使用原液不代表更營養，讓甲蟲更強壯，反而可能造成反效果，使甲蟲壽命減短。最後提醒，飼養任何甲蟲，包括不常見或較少人飼養的種類，例如天牛、糞金龜、吉丁蟲、叩頭蟲、擬步行蟲，如果臨時找不到合適的食物，都可以先使用果凍餵食，但這只能幫牠們補充水分與少許營養，如果希望長期飼養，還是必須找到牠的食草或真正的食物。

> 小祕訣：飼養糞金龜成蟲如果沒辦法（不想）弄到真正的大便，可以使用果凍調製錦鯉飼料（貓狗飼料也可以），糞金龜真的會吃，且成蟲飼養時間可以長達六個月以上，但這樣的替代食物無法取代大便成為糞金龜的產卵介質。飼養其他腐食性甲蟲也可以用這種方式來餵食。

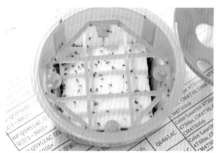

使用水果餵食固然自然，但過熟發酵後的酸味會吸引許多果蠅前來，雖然不至於傳染什麼疾病，但有礙觀瞻。

直接餵食果凍是目前已知最簡便的方式，口味眾多方便選擇。（圖為派瑞長臂金龜 *Cheirotonus parryi*）

自然環境中的植物果實是甲蟲最佳物來源之一。
（構樹的橘色果實吸引藍艷白點花金龜 Protaetia
inquinata 前來取食）

餵食糞金龜時，若無法使用糞便，可在果凍中加入泡水脹發
的動物飼料，以補充牠們需要的養分。（圖為琉璃雪隱金龜
Phelotrupes〔Chromogeotrupes〕auratus auratus）

角葫蘆類的鍬形蟲常取食動物屍體，飼養時可以
使用飼料蟑螂或蟋蟀餵食。（圖為台灣角葫蘆鍬
型蟲 Nigidius formosanus）

馬來條背大鍬形蟲 Dorcus hansteini prosti 聚集在樹洞吸食
流出的樹液。（攝於婆羅洲）

飼養甲蟲時，我習慣將蠻牛加水調製，再放入
果凍中攪拌。

取出約 30 粒的花粉，用湯匙壓碎後跟果凍攪拌在一起，就是
幫助花金龜補充營養最好的添加品。

成蟲交配守則

　　早期做法是在飼養箱中送作堆，裡面有木屑、腐植土、木皮，再放置果凍，最後將對蟲放進去兩到三天應該就交配完成。但常會發生一種狀況就是雌蟲被分屍，所以目前的作法是準備一個透明容器，底層放入木片或紙板，可以視情況在中間放凍木輔助交配，總之必須監控交配過程，避免發生殺妻事件！以大家常飼養的三大類甲蟲來說，花金龜最不用擔心，雄蟲只要過蟄伏期開始進食就像急色鬼般，找到雌蟲後就會抱住展開交配行為。有時也會把我的手當作對象交配（笑），有的朋友看到覺得不可思議，花金龜怎麼會分不出是手還是雌蟲？大部分的狀況是因為我才剛觸碰過雌蟲，手上有雌蟲的氣味才讓雄蟲意亂情迷。唯一要注意的是將蟲送入洞房後必須加蓋，因為花金龜的飛行能力太好，一不小心就會飛走。

　　至於鍬形蟲與兜蟲就要更小心，交配時要特別擔心雄蟲的武器！許多蟲友幫鍬形蟲配對時，會先固定雄蟲的大顎，可以使用軟橡膠、束帶、保麗龍或橡皮筋，都是輔助交配安全的方式。有一點要特別注意，不要綁太緊及太久，每隔一段時間要鬆開或是隔日再戰，避免造成肌肉壞死。

> 小偏方　若是遇到雌蟲抵死不從，或雄蟲只顧著吃不理會雌蟲的情況，我建議讓雄蟲大吃三天，雌蟲餓三天，之後先把雌蟲放進裝好果凍的大型果凍台（方便讓甲蟲抓住），此時大部分雌蟲會乖乖進食，雄蟲便能順利交配，成功率不低。

玩家與蟲店都會準備交配用的容器，底層使用瓦楞紙或是木板，將表面處理為粗糙狀，讓甲蟲能抓牢。

將對蟲放入後，最好能在旁注意，避免母蟲遭到毒手，但圖中的大黑豔鍬形蟲 Mesotopus tarandus 似乎搞錯方向了。

野生的婆羅洲大兜 *Chalcosoma moellenkampi* 只要遭遇雌蟲，會馬上展開護雌的行為。

上 大王花金龜 *Goliathus goliatus* 雄蟲遇到雌蟲
　　時，會如色鬼般追著雌蟲跑，不達目的絕不
　　罷休。

右 大型的甲蟲最好搭配大型果凍台，雄蟲才能穩
　　穩地抓住，有助於順利交配。（攝於彩蟲屋，
　　圖為赫克力士大兜蟲 *Dynastes hercules*）

產卵布置與幼蟲食材挑選

　　甲蟲種類眾多，每一種的食性都不太相同，幼蟲亦然。較常飼養的甲蟲如鍬形蟲，幼蟲吃的食物就天差地別，例如野外發現的鹿角鍬形蟲幼蟲都在較為淺色的朽木中發現，人工繁殖也需要使用腐朽程度剛好的產卵木，餵養幼蟲可選擇發酵兩次，顏色較深還維持顆粒狀的木屑，就算不溫控也能養出成蟲，但體型就無法要求。大扁鍬形蟲、大鍬形蟲的繁殖方式都比照鹿角鍬形蟲布置，幼蟲除了用木屑之外還可選擇菌瓶飼養（通常是細美麗或秀珍菇），除了容易管理，體型通常更大，但有一個重點必須掌握，使用菌瓶一定要溫控，溫度太高菌容易劣化，幼蟲也容易悶死，溫度變化過大則會刺激長菇消耗菌瓶營養。深山屬的鍬形蟲種類就完全不同，野外產卵的環境是在森林底層豐厚的腐植質中，繁殖不需使用產卵木，可以選擇發酵三次的深色木屑作為產卵介質，有些玩家會添加一定比例的落葉腐植（腐葉土），可以提高雌蟲產卵意願，幼蟲也能直接食用，只要食物正確並做好溫控設定，不難養出大型個體。早期養過既難繁殖又難飼養的叉角鍬形蟲屬，好不容易生出幾隻幼蟲，用木屑好像養不大，用菌養又好像容易死，直到後來使用老雲芝菌*才獲得改善。老雲芝菌的出現讓許多曾經超高價又難繁殖與飼養的蟲種降低了繁殖飼養的門檻。黃金鬼鍬形蟲、大黑豔鍬形蟲之前都以難繁殖出名，要用活菌產木才有機會獲得雌蟲青睞，生個幾顆蛋就讓人樂不可支，雖然最後僅養出小個體的成蟲卻也是眾人羨慕。現在使用老雲芝菌放在飼養箱中，雌蟲就會鑽進裡面產卵，而且產量超乎預期（其實也不過十多顆），單是 2019 年就看到許多蟲友飼養出大型雄性個體，也燃起我再度挑戰這些種類的信心。看到這裡可能有同好會問，既然雲芝那麼好用，為什麼不用來養其他鍬形蟲？其實不是沒試過，但有些幼蟲會拒食甚至死亡，就算順利成蟲也是小小個體，比起用木屑還真讓人氣餒。

　　跟鍬形蟲比起來，兜蟲及花金龜就簡單多了，牠們在自然環境中跟深山屬

> **小祕訣** 每種甲蟲都有特殊習性。如紅圓翅鍬形蟲與台灣鹿角金龜的產卵布置必須添加竹子枯葉，雌蟲將竹葉腐質製成「肉粽」，卵則包覆在其中，等幼蟲孵化後，不需換掉產卵的介質，只要添加新木屑即可。

＊雲芝菌並非適用全部的鍬形蟲，使用時請特別注意，如果發現植入幼蟲，幼蟲停在頂端遲遲不鑽下去，或是在菌中亂鑽，就必須快點更換菌瓶或是使用高發酵木屑，讓幼蟲先穩定進食。

鍬形蟲一樣，喜歡豐厚的腐植質，使用發酵三次的深色木屑，或是菌包再添加發酵的腐植土作為產卵材，也可以直接用來飼養幼蟲。許多蟲友相當有實驗精神，嘗試各種添加與微調，這也是台灣玩蟲界能一路追趕上日本的原因。如果您是初學者，建議可以找尋鄰近的昆蟲店，因為每間昆蟲店都有自己開發的食材，或是特別強項的蟲種，老闆都是資深玩家有相當的經驗值，可以在蟲店取經進修，更能快速增進自己照護幼蟲的能力。本篇僅聊到目前大家較常飼養的種類，還有很多不同的甲蟲可以飼養，大家可藉由牠的棲息環境，觀察生態行為來判斷如何飼養，自己發現更有成就感。

目前市面上的菌瓶尺寸分為三種，照片中的是窄口菌。

寬口瓶與胖胖瓶的瓶口較寬，而且瓶身較厚度硬度高，可重複使用。

針對特定的鍬形蟲種類，可以使用雲芝老菌作為產房，使用前最好先從洞口挖出五至十公分深的隧道，幫雌蟲節省力氣。（攝於彩蟲屋）

將菌瓶橫放有助於空間堆疊管理，這樣放置比照原生環境的倒木，應該更適合幼蟲取食。

使用產卵木的產房，濕度足夠會誘發許多真菌與黏菌生長，發現時請馬上捏除或刮除，維持產房的狀態。

產房布置發酵程度不同的木屑，有助於刁鑽種類的產卵意願，但蟲友必須對繁殖物種的原生環境有足夠了解。

各種發酵程度不同的木屑，上排從左至右是大鍬用木屑、微粒子發酵木屑、木屑、紅包土，下排從左至右是產卵木屑、獨角仙土、育成木屑、日製腐葉土。（攝於魔晶園）

幼蟲飼養照顧

之前開蟲店曾經遇過初學者買了獨角仙幼蟲與腐植土，要教他如何飼養照顧，他卻回答知道怎麼做，過了一個月回到店中說：幼蟲都長不大，是不是腐植土有問題？請對方拿過來一看，差點沒有當場暈倒，整個飼養箱空蕩蕩，只躺著一隻幼蟲，以及一點點腐植土，因為他以為每天倒一點給牠吃就好，那隻幼蟲看起來快餓死了！飼養之前要先做功課，對於甲蟲習性要有基本的了解，否則就會發生上述讓人啼笑皆非的情況。

絕大多數的甲蟲幼蟲都生活在不見天日沒有光線的地方，例如木頭或土中。我們常飼養的兜蟲、鍬形蟲、金龜子幼蟲都有負趨光性（避光性），跟成蟲的趨光性完全不同，所以飼養幼蟲必須將飼養箱裝滿木屑或腐植土，牠們鑽進裡面才會安心，好好進食。通常我的工作室最暗的角落會放置幼蟲，還會另外用遮光的黑紙蓋住，避免幼蟲不小心吃到容器外側時被光線嚇到，影響成長。

時間周期一到就要換木屑、腐植土、菌瓶，更換時我會調弱環境光源（低光源），要更換的食材先買好並放在房中，讓溫度一樣，木屑放入飼養箱壓實，新菌瓶也將菌衣挖除，中間開好洞，將幼蟲放進去的洞挖得更大更深，以免幼蟲要花更多力氣鑽進去，測量體重的儀器先開啟歸零避免等待，幼蟲放進去立即將食用過的木屑蓋上去鋪好鋪滿，預先做各種準備是希望更換過程不會給幼蟲太大刺激，讓幼蟲可以盡快穩定下來，持續進食。

但有些特定種類需要其他考量，例如鬼豔鍬形蟲的木屑不用換，幼蟲吃過的木屑中有許多腸胃道共生菌，能促進轉換與吸收營養，只要將新的木屑蓋上去添滿容器就好。更換食材時要特別注意有沒有蟎蟲，這些寄生性的蟎會出現在幼蟲頭部周圍，身體兩側氣孔周圍，是飼養環境不佳的警訊，一旦發現要用小毛刷在水龍頭下慢慢沖洗刷除，這樣有助於幼蟲順利長大，也維護飼養環境。

| 小祕訣 | 我曾和很多朋友分享這些小祕訣，但有人反應這樣也太誇張了，為了養蟲竟然那麼細心去考究，甚至有朋友說這樣已是吹毛求疵的病態了。個人認為養蟲當然可以隨性，可是如果把握住每一個小小細節，多用心一點點，累積起來就是一大步。現在有許多蟲友養出超大體型個體，我相信除了親代、食材之外，好的管理與其他不為人知的細心才是成功的因素！ |

CHAPTER 3　如何養甲蟲

由左至右分別是長戟大兜蟲剛產下的卵粒、大約十天膨脹成圓形的卵粒、準備孵化的卵粒、剛孵化的幼蟲。

剛洗完澡的歌利亞大角花金龜幼蟲，換上新的木屑與泡發的錦鯉飼料，看起來特別健康強壯。

成蟲、幼蟲、木屑、樹皮和落葉都可能夾帶蟎蟲，飼養時一定要特別注意環境狀態，一發現就應該將容器徹底清洗，耗材木屑全部換新。

菌瓶瓶口常會因為溫差而積水，使用時建議先把菌衣（白色的部分）挖除。

要將幼蟲放入之前，先將菌瓶挖出比幼蟲體型大的空間，幼蟲才能輕鬆地鑽挖菌瓶。

由瓶身外即可看出綠色的雜菌，最好不要使用。

換土換菌時機

　　正常來說木屑與腐植土的更換時間很固定，大約是一個月至一個半月換一次，但飼養環境會影響換土的時間點。如果是溫度較低的溫控房，最長可以拉到兩個月換一次，溫度較高且被木蚋入侵或是長出真菌，木屑與腐植土會嚴重劣化，營養都被利用了，幼蟲吃了也長不大，一旦出現這種情況就要馬上更換。通常從飼養箱就可以看出端倪，因為飼養用的木屑與腐植土中都有活菌，只要溫溼度合適就會長出真菌，這時可以看到深褐色的腐植土有白色的菌絲或子實體，通常會越長越長，一發現就要馬上拔除，避免腐植土的營養被它利用。另一種就是許多小黑蟲飛來飛去，這是木蚋，牠的幼蟲取食腐植土，會造成整個飼養箱快速劣化，腐植土變成腐植粉末，萬一被入侵只能全部清空洗過換過，只整理一箱或兩箱是沒用的。

　　使用菌瓶飼養鍬形蟲非常方便，但換菌時機也相當重要。一般跑菌完整的外觀是漂亮的白色，點綴密密麻麻的木屑褐色，通常將幼蟲植入後，吃過的部分因為被共生菌分解了，所以會變成深褐色，當整支菌瓶有三分之一變成深褐色就要準備更換了，三分之二變成深褐色就要立即更換。我在家中管理的方式是「推新出陳」，將換好的菌瓶放到最裡面，三分之一深褐色的菌瓶放在最外面，平均一個月檢查一次，手邊準備五到十支新菌瓶以備不時之需。

外觀已經黃熟的兜蟲幼蟲，最後一次換土應該注意土量與資訊紀錄。

這張照片中的三支菌瓶，左邊菌瓶下方的食痕可以看出幼蟲在此活動，右邊的食痕有兩種顏色，細緻的深棕色是吃過排出的痕跡，淺棕色大顆粒的是挖過的痕跡。

四支植入幼蟲的菌瓶，可以看出進食的狀態。最左邊的菌瓶幼蟲在中間吃，左二幼蟲呈現躁動亂挖的狀態，右二的菌瓶必須更換，最右邊的菌瓶可以看出幼蟲在左上角亂挖。

自壓的菌杯內容物已經呈現「泥」的狀態，裡面的幼蟲就算不死也是小小蟲。

透明飼養箱可看到木屑中已出現白色菌絲，這是土中原有的菌，溫差過大時容易長出菇蕈，如果發現請直接拔除。

化蛹管理照顧

　　若是看到幼蟲已在容器製作蛹室，或看到容器中出現不同顏色（幼蟲糞便），就要特別小心管理。幼蟲到了三齡末身體會變成黃色（玩蟲的術語稱為老熟），代表已經到了最後時刻，大部分會在容器中找到合適角落開始製作蛹室，牠會挖出足夠的空間，開始排出體內的糞便，並轉動身體將排泄物塗抹在蛹室內，就像在室內塗抹水泥，直到身體裡面沒有任何糞便。這時幼蟲會靜靜地待在蛹室中，身體會慢慢地從捲曲狀態變成直條狀的前蛹（玩蟲的術語稱為蟲棒），幼蟲身體組織全部重新組合的變態過程堪稱全世界最迷人的行為。準備化蛹之前體表變得非常皺，蛻變的時刻會由幼蟲頭部裂開，全新的身體就從中蛻出，剛變成蛹的狀態可用晶瑩剔透、吹彈可破來形容。成功化蛹後請謹記不要隨便移動，因為這時蛹還是非常軟的，萬一碰撞或掉到地上，就是悲劇。最好置於不會被打擾的地方，若可以請用黑色的紙或布蓋著，維持無光狀態更符合原本的生態。

打開菌瓶發現剛化蛹的日本大鍬形蟲 *Dorcus hopei binodulosus*，整個蛹身晶瑩剔透，這時千萬不要將牠取出，必須等蛹變成米黃色不透明時才能移置人工蛹室。

使用插花海綿挖製的人工蛹室，可以自己決定形狀與大小，經濟實惠。（攝於彩蟲屋）

換菌時挖出前蛹，雖然馬上移至人工蛹室，但前蛹狀態不佳應該無法順利化蛹。（攝於彩蟲屋）

使用泡棉製的人工蛹室非常方便，可依據蛹的大小選擇尺寸，設計的傾斜度讓羽化時較容易順利翻身。（圖為婆羅洲大兜蟲 Chalcosoma moellenkampi）

使用人工蛹室管理的鹿角鍬形蟲蛹 Rhaetulus crenatus，由大顎的彎曲程度可看出是大型個體。（攝於彩蟲屋）

人工蛹室中順利羽化的羅森伯基黃金鬼鍬形蟲 Allotopus rosenbergi，全身還紅通通，要過一段時間色素沉澱後顏色才會顯現。（攝於彩蟲屋）

需不需要挖出來做人工蛹室？

　　這是多數初學蟲友共同的問題。因為容器材質比較硬，大部分甲蟲做蛹室會選擇靠在容器邊緣，換土或換菌時可以先檢查。有的甲蟲將蛹室做在中間看不到，換木屑才發現一顆米黃色的蛹或是前蛹跟著滾出來，只要蛹室還保留三分之二的完整度，木屑、菌瓶尚未劣化就可以繼續使用，反之，則必須使用人工蛹室。個人建議平時就要建立寫管理卡的習慣，詳細記錄每次換木屑、換菌的時間，以及幼蟲齡數、體色、體重等資料，便能協助判斷是否已經化蛹。雖然將蛹挖出來管理好像很危險，但許多玩家反而喜歡這樣做，因為有時木屑劣化與菌瓶出水太嚴重造成蛹室崩塌或積水，反而是甲蟲羽化面臨的大問題。使用人工蛹室管理的好處是，可以由蛹的狀態看出可能羽化的時間，尤其是大型雄性個體在最後羽化時常發生無法翻身，或翅鞘、翅膀無法完整收合，此時便能伸出援手。花金龜化蛹時製作的蛹室與獨角仙、鍬形蟲不同，通常不會依附在較為堅硬的物體旁，外觀橢圓形如同蛾類的絲繭，蟲友稱為土繭。土繭的管理依照種類各有不同，以個人探訪雨林與飼養經驗來說，花金龜成蟲發生的季節多在雨季，幼蟲在雨季末或乾季初期便做好土繭，直到隔年雨季再鑽出土表。所以發現花金龜做土繭後，我會特別另外管理，務求通風與維持一定的濕度，避免蛹在土繭中悶死或乾掉。如果不小心挖破土繭，則必須使用人工蛹室，依經驗來說，一旦將蛹從土繭取出，完美羽化的機率就變得很低了。

小方法　如果使用菌瓶發生積水的情況，大部分蟲友會選擇換新的菌，但我通常會觀察菌瓶內木屑與菌的狀態來決定，如果看起來菌已經發長出黴菌，就必須更換，若顏色呈白至淡黃色，菌也沒有萎縮，代表尚可使用，只要在瓶底或積水處鑽出小洞引導水流出，後續用消毒（噴 75% 酒精）過的棉花塞起來即可（以上塑膠袋或塑膠瓶適用）。

花金龜製作的土繭可說是相當的「合身」，萬一不小心弄破，最好還是放置在土繭中，完整羽化的機會比較高。（圖為白條綠花金龜 Dicronorhina debyana）

由這顆土繭可以看出換土的時間沒有抓好，幼蟲直接以自己的糞便作為土繭的外層。

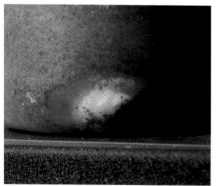

透明瓶身的的好處是可以看到幼蟲的狀態，這隻鍬形蟲幼蟲靠近瓶子外側做好蛹室準備化蛹。

換木屑或菌瓶時請注意飼養資訊，若是到了三齡末期必須特別小心，因為撥開可能就是一顆蛹。

處於前蛹狀態的鍬形蟲，體表呈現皺摺與半透明的狀態，說明即將要化蛹。

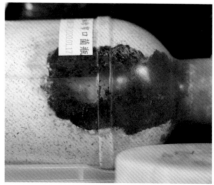

可看到菌瓶中的鍬形蟲已經順利化蛹，這時減少移動避免打擾最重要。

羽化蟄伏管理照顧

　　甲蟲剛羽化時身體的顏色大部分是白色，經過一段時間色素沉澱後顏色會變深，這時牠會靜靜地趴在蛹室中，除了偶爾轉身外並不會移動，直到身體機能完全成熟，且環境溫溼度達到一個狀態，才會挖破蛹室出來活動，這段時間稱為蟄伏期。不同種類蟄伏時間與溫度濕度也不太相同。個人工作室溫度大概維持在 24 度上下，符合大部分甲蟲需要的溫度，但有些高山種類必需將溫度控制在 20 度甚至更低，溫度過高亦可能造成猝死的情況發生。

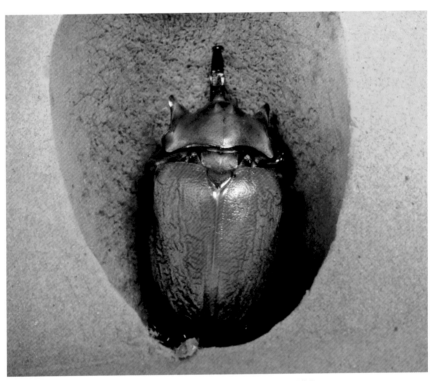

完整羽化的大象象兜蟲 *Megasoma elephus*，靜靜的在人工蛹室中度過蟄伏期。

原蛹室中羽化完成的利奇長戟大兜蟲 *Dynastes lichyi*，鞘翅顏色尚未沉澱。

羽化三天的大黑豔鍬形蟲 *Mesotopus tarandus*，體色還是
泛紅，至少需要一至兩個月的蟄伏期才會出來活動。

偶爾會發生羽化的成蟲，但頭部卻是幼蟲的
樣貌，這是化蛹時幼蟲頭殼未能順利脫出
而造成。（圖為大圓翅鍬形蟲 *Neolucanus
maximus vendli*）

關於甲蟲的幾個迷思

4

圖為澳洲花鍬 *Rhyssonotus nebulosus*。

MYTH 1

甲蟲的幼蟲就是雞母蟲？

小時候家中花園的落葉堆裡有一種捲曲著身體的白色小蟲，奶奶說，因為母雞很愛搶食這種小蟲，所以稱為雞母蟲。長大後才知道，這些白色小蟲是金龜子的幼蟲又叫「蠐螬」。獨角仙、鍬形蟲、糞金龜的幼蟲也是同樣的外觀，簡單來說金龜子總科的幼蟲都可稱為雞母蟲，但天牛的幼蟲就直接稱「天牛幼蟲」，瓢蟲的幼蟲稱為「瓢蟲幼蟲」，以此類推。

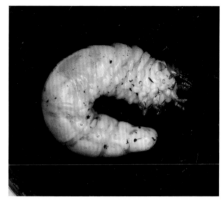

肥肥胖胖的甲蟲幼蟲是母雞用爪子從落葉腐植扒出來最愛的食物之一。

MYTH 2

雞母蟲很愛吃我餵的木屑？

許多養蟲的朋友無論是使用店家購買或自己發酵的木屑、腐植土、菌瓶、果凍，常常會說幼蟲很愛吃我餵的食物。其實大家忘了一件事，這些蟲被養在飼養容器中根本跑不掉，無論你餵什麼，只要能吃牠就必須吞下去，因為這是幼蟲的宿命，必須不斷地吃，不斷地成長。請大家養育幼蟲時一定要給牠們吃對的食物。

幼蟲一孵化會馬上開始進食，提供好的食材是飼養者應該有的責任。

MYTH 3

甲蟲的成蟲還會長大嗎？

　　這是許多人共同的問題。「這隻甲蟲那麼小，如果給牠吃好一點、吃多一點，還會長大嗎？」答案是不會。甲蟲最重要的長大過程是在幼蟲階段，從卵中孵化後會開始努力吃，如果環境正確、食物足夠、沒有天敵、度過蛹期順利羽化，幼蟲越大成蟲就越大。成蟲後，因為身體被堅硬的外骨骼包覆，就不會再長大了。某些外骨骼比較柔軟的甲蟲，例如螢火蟲、地膽、大花蚤與某些金花蟲，牠們的雌蟲在產卵前，腹部的節間膜會被滿滿的卵所撐開，使得腹部部分外露在翅鞘之外，看起來變得很大，算是少數例外。

甲蟲在幼蟲期吃得越好越多，成蟲體型就會越大越壯，成蟲後就不會再長大了。
（圖為婆羅洲大兜蟲 *Chalcosoma moellenkampi*）

甲蟲的寄生蟲會咬人？

　　有時會在甲蟲身上看到小小的寄生蟲，多半是紅白兩色，牠們是屬於寄生蟎的種類。很多人聽到「蟎」就會非常緊張，擔心會爬到人的身上寄生，其實是多慮了，這些甲蟲身上的寄生蟎是有專一性的，牠們只會待在寄主身上，如果不小心爬到人身上，反而會因為人的體溫太高而想要快點離開，所以不用擔心。倘若看到會怕，可以在水龍頭下用小刷子邊沖邊刷就能清除乾淨。

飼養環境不好容易成為蟎蟲繁衍的溫床，但牠們只喜歡寄生在昆蟲身上，不喜歡人類。

MYTH 5

甲蟲喜歡很熱的天氣？

　　雖然大眾較為認識的甲蟲，如獨角仙、鍬形蟲、金龜子都是在夏天出現，但不代表牠們喜歡高溫喔。甲蟲居住的森林跟都市最大的差別就是溫度，同樣是夏天，森林中的溫度會比都市稍低，若甲蟲們被陽光直射感覺太熱，也會自己找陰涼的地方躲起來。養甲蟲的朋友千萬記好，不要在夏日把甲蟲放在陽台曬太陽，而是要放在陰涼通風的地方，不然甲蟲會被曬乾。

完整沒有破壞的森林是天然的冷氣機，夏天走進森林就能感覺涼爽，這也是甲蟲最愛的環境。（圖為總角紅星天牛 *Rosalia lesnei*）

甲蟲用鼻子呼吸？

　　常常聽到小朋友問父母，「甲蟲用哪裡呼吸？」大人卻回答，「用鼻子呀！」

　　甲蟲跟所有昆蟲一樣，身體構造沒有鼻子這個器官，牠們呼吸的地方跟人類不一樣。成體與幼體在胸部和腹部兩側皆有氣孔，牠們藉由氣孔來換氣。昆蟲是變溫動物，不活動時耗氧量較低，不像人類是恆溫動物，要靠呼吸維持生命現象。

天牛起飛一瞬間，箭頭所指的地方即為換氣用的氣孔。（圖為大衛大天牛 *Batocera davidis*）

MYTH 7

甲蟲抓回家養破壞生態？

　　這個問題真的很棒！小時候在山上抓蟲回家養，家人、老師還會誇獎我，說喜愛大自然很棒。反觀現在手上只要拿著網子或昆蟲就被說是破壞生態，民眾馬上拿起手機拍照上傳，抓蟲這件事已經變成老鼠過街人人喊打。大家都很愛緬懷過去，但時過境遷，大眾對於自然保育的態度已經不像從前，基於保護環境愛護生態的立場，如果可以從昆蟲店取得人工飼養繁殖的種源，個人認為真的不太需要再到野外抓蟲。

很懷念小時候拿著網子捕捉昆蟲觀察的年代。

MYTH 8

甲蟲為什麼會死掉？

　　其實這個問題不太準確，每種生物都有存活的年限，時間到了就會死掉。甲蟲也一樣，每一種甲蟲的壽命都不相同，例如獨角仙成蟲大約只能活三個月，但是扁鍬形蟲可以活到一年。應該說我們提供的環境適不適合甲蟲生存，所以正確的提問是：我的甲蟲是怎麼死掉的？通常要經過討論才會有答案。例如太悶太熱，原本可以活一年的甲蟲可能一周就熱死了。每天應該提供食物，但這周比較忙忘了餵食，甲蟲就餓死了。簡單來說養甲蟲還是必須閱讀相關的書籍資料，或是向專精的人請教，多了解基礎知識。

甲蟲的死因百百種，這是在山區道路上發現，被路殺的金龜子。

甲蟲番外篇

5

甲蟲打架是研究？

　　2019 年由台灣 SEGA 公司介紹，認識一組來自日本喜愛甲蟲的父子「深山假面、鍬形忍者」。由資料上得知他們是在日本各地拜訪研究與採集甲蟲的名人，拍成影片上傳 YouTube「クワガタ採集ちゃんねる」頻道，最特別的莫過於接受邀請至摔角競技場舉辦甲蟲對決大賽，每一場活動都吸引不少群眾圍觀，大聲為支持的甲蟲加油。之後才知道深山假面的真正身分是前職業摔角選手垣原賢人，後來因傷引退，轉而投入生態教育，以甲蟲的視野來傳達保護環境的重要。他們那次來台前特別詢問是否可以舉辦甲蟲對決大賽？其實甲蟲在野外的爭鬥是天性，如果用人工繁殖的甲蟲來進行活動，理應沒有什麼問題。但台灣推廣生態觀察與生命教育多年，而且對於尊重動物生命的觀點與日本並不相同，於是建議將活動改為甲蟲王者卡片機台對決。

　　許多喜歡甲蟲的孩子最愛問的就是「哪一種甲蟲的攻擊力比較強？」想把甲蟲放在一起看牠們打架。只要聽到孩子問這類問題，通常我會從甲蟲打架容易受傷，導致壽命減短的角度來引導他們思考。大部分孩子聽完後都能接受，且更珍惜飼養的甲蟲。不過，確實有人把甲蟲打架當成研究主題，也讓許多人覺得不可思議。

　　以師大研究生陳震邑研究的雞冠細身赤鍬形蟲為例，不同大小的雄性成蟲，大顎外型與大小也有極大差異（可參考《鍬形蟲日記簿》），整個族群打鬥的勝率也有所不同。依據「賽局理論」*的推演，不同體型的雄性會有不同的打鬥行為表現，也推斷大型的雄性傾向使用武器來進行更激烈的打鬥，除此之外，族群中體型大小的分布也會影響雄性打鬥行為的激烈程度。藉由鍬形蟲打鬥時展現的行為研究，可以幫助了解動物演化出誇大武器背後的機制。多數人看到這裡會認為自己也可以做這項實驗，但這絕不只是把牠們放在一起，隨便打鬥看誰贏誰輸，而是必須設計實驗組與對照組，在相同的條件下進行實驗，再分析所有數據才能得到客觀的結論，以做為未來科學研究的基礎。

---

* 賽局行為指的是鬥爭或競爭的行為。參與賽局的每一方，為了達到各自的目標和利益，必須考慮對手的各種可能方案，並選取對自己最有利或最合理的對應方案。賽局理論就是透過數學理論和方法，研究賽局行為中各方是否存在最合理的行為方案，以及如何找到這個方案。

左邊紅色服裝的是深山假面，右邊是藍色服裝的鍬形忍者，這一對父子檔相當有心，服裝也是特別訂製，就算是角色扮演也非常嚴謹。

跟鍬形忍者進行甲蟲王者機台的對戰，三戰後我以兩敗坐收。

由我的兒子于哲接手挑戰，一番努力後終於取得勝利！

雞冠細身赤鍬形蟲 *Cyclommatus mniszechi* 的雄性成蟲大顎有三種型態，這是俗稱剪刀牙的小型個體，遭遇中牙或大牙競爭對手時多採取撤退策略。

兩隻公蟲一碰頭馬上劍拔弩張相互打量。

打得難分難捨的狀態，但體型較大的一方占上風。

勝者成功配對。

藝術設計的靈感來源

　　還記得小時候家裡的米缸中常看到黑黑小小的米蟲，綠豆放久一點也會有綠豆蟲。這些讓人看了頭痛的甲蟲，今日卻成為藝術家創作的靈感來源，各種取材自甲蟲外觀、花紋、色彩、排列的作品無不讓人驚呼連連，甚至走上時尚潮流的舞台，成為下一波流行的焦點。

　　十多年前好友劉正凱就曾做過一組讓人驚艷的甲蟲藝術品。我們是甲蟲與自然生態愛好者，常常上山下海找蟲與觀察，除了做標本外也飼養繁殖。甲蟲死後外表損傷做標本不好看，但又捨不得丟掉，只好乾燥後放著，有天正凱問我那些死掉的甲蟲殘骸能否給他用來創作，我欣然同意。不久後正凱喜孜孜地告訴我作品完成了，是一組完整的日本武士鎧甲，就像博物館看到的收藏一樣，所有細節與外觀絲毫不差，正凱的巧手與巧思讓這些乍看之下沒用的殘骸變成藝術品。還記得當時拿到台北木生，蟲友們除了讚嘆之外更是人人想收藏。

　　我從小就對名牌與流行物充滿興趣，十六歲打工的第一筆薪水直接買名牌花光光，當年雷夫·羅倫馬球（Polo Ralph Lauren）最有名的男士綠色格紋手拿包我就有一個，另一種千鳥紋的花色也相當流行。當時仁愛路圓環、小雅、中興百貨、遠企 JOYCE 是我最常出沒的地點，大部分專櫃人員都清楚我最愛限量品。後來因緣際會進入當時台灣代理品牌龍頭「台灣迪生」更與名品結下不解之緣。會喜歡的原因不外乎剪裁與設計，還有每個設計師特立獨行的美學風格。我特別喜愛知名設計師亞歷山大‧麥昆（Alexander McQueen）的作品，在 2018 秋季時裝發表秀場上（Alexander McQueen-Womenswear Autumn/Winter 2018），他讓模特兒穿上設計有大王花金龜經典花紋的飄逸服裝，在全世界最頂尖的時尚人面前展示野性之美。

　　好幾年前看到美國藝術家克里斯多福‧馬利（The insect art of Christopher Marley）將各種閃亮亮的甲蟲拿來做排列藝術，當時還透過朋友買了該主題的年曆，每一幅圖案設計與排列的平衡，耀眼的光澤與顏色，讓人看得目不轉睛，捨不得拆開掛在牆上。後來因緣際會認識克里斯多福合作夥伴公司的人，才知

<table>
<tr><td>小
知
識</td><td>自然界生物的花紋被利用在時尚設計行之有年。最常見的就是豹紋、虎紋、樹皮紋路、葉形迷彩，幾乎每年都有設計師以此為主軸，一般家居用品也很常見。雖然某些品牌與自創商品會使用到甲蟲的圖案，但完整的甲蟲花紋還是第一次在國際時尚伸展台上出現。</td></tr>
</table>

道每一幅創作有多困難，需要花多少心思去整理與設計畫面呈現。每一隻挑選出來的甲蟲，都需要比對體型與完整度，身上的花紋與光澤也必須相似，相當不簡單。

臉書的甲蟲社團很多，全盛時期應該超過 50 個。2019 年，年輕玩蟲同好陳翰斯在臉書傳私訊給我，希望能幫台灣所有的鍬形蟲種類，以翻模的方式留下蛹形態的標本。其實我之前已經在各社團看到他在留言串表示希望跟蟲友合作，「萬一有蛹發黑，可以趕快寄給他，希望幫這些沒辦法活下來的甲蟲留下最後一刻的完美模樣」。這是很棒的規劃，翰斯願意幫這些蛹做最後的處理，讓樣貌與形態留下來，除了具有保存價值外，像我這樣做自然生態教育的人，也可以用翻模的作品讓學員了解甲蟲變態過程中最特別「蛹」的型態。

我也認識很多厲害的摺紙人，洪新富老師是其中的佼佼者。我們在木生昆蟲相識，當時的我還在瘋抓蟲，大家常常相約一起上山。他的紙藝創作特色是「一紙成形」，設計過的紙必須能摺出一隻立體動物，昆蟲最難的是六隻腳與頭胸腹兩項重要特徵，需要的巧思不言而喻。洪新富老師因為推廣紙藝不遺餘力，榮獲第 41 屆十大傑出青年。2016 年，洪老師為了支持我撰寫的日記簿系列，特別開發兩張台灣甲蟲設計稿「獨角仙」和「台灣深山鍬形蟲」隨書附贈。更在 2018 年我以「好好玩自然」入圍金鐘獎最佳兒少主持人獎時，為我打造獨一無二的金色版台灣長臂金龜紙雕胸飾，讓我帶著最愛的甲蟲走紅地毯。他是我因為甲蟲而結識的好兄弟。

昆蟲論壇年代是台灣甲蟲界最常聚會的盛期，當時各路蟲友全台灣到處跑，除了聊甲蟲，也會分享跟甲蟲有關的設計。暱稱寶哥的廖岳騄先生將甲蟲外觀結合自己的專業，把各種知名甲蟲開模做成金屬物件，最近更利用電腦繪圖將甲蟲外觀與比例設計好，可以用十二隻自己喜歡的種類做成時鐘，頗具設計感，另外也設計大顎形狀較特別的鍬形蟲種類，利用較厚的不銹鋼以雷射切割製成饒富樂趣的開瓶器，也可以當成鑰匙圈掛飾使用，可說是美觀與實用兼具的產品，目前也接單生產中。

醉心於各種素材創作的鍾凱翔，常在臉書分享將食物殘渣變成各式動物的模樣，把包裝巧克力的鋁箔紙變成鍬形蟲或蠍子，用完的衛生紙變成鎚頭鯊。他更將作品上傳至美國好萊塢特效學校 Stan Winston school，讓更多人知道有一位用紙高手在台灣。他大二時以瓦愣紙箱創作出一比一的鋼鐵人，吸引鋼鐵人本尊小勞勃道尼在自己的粉專上分享「這是鋼鐵人的弟弟紙箱人」。士林的昆蟲店「蟲磨坊」可以看到凱翔以摺紙技法創作的各類甲蟲藝術品，受歡迎的程度讓他光是消化不同種類鍬形蟲與兜蟲的訂單就大呼吃不消。

2014 年撰寫《螳螂的私密生活》一書時，為了豐富書中內容，找了江承儒先生幫忙做一隻仿真的角胸奇葉螳。認識承儒是在昆蟲論壇的年代，他在論壇分享許多紙做的仿真甲蟲，十分逼真，讓大家佩服不已。2018 年，他承接國立自然科學博物館的展覽製作案，將各種居家昆蟲以等比放大的方式製作，讓觀看民眾更能了解這些微小昆蟲的樣貌。2019 年埔里木生昆蟲館 100 周年慶，承儒的等比放大仿真甲蟲也在現場展出，尤其是整箱的大王花金龜更是吸引許多甲蟲愛好者佇足拍照。

這兩年我因為演講與昆蟲展認識許多年輕有想法的甲蟲愛好者，每個人都有創新的想法。我通常會建議年輕朋友若無太沉重的經濟包袱，就先做再說吧。因為有想法很簡單，開始做最難，做了以後才有改進的空間。祝福這些朋友在生命歷程中能因為找甲蟲、養甲蟲、製作甲蟲標本，而得到更多的啟發，在人生的道路上走得更寬廣順利。

好友藝人八弟身穿以大王花金龜設計的潮 T，帥氣無法擋！（艾曲批設計製作）

被好友戲稱黑白雙煞，大王花金龜的圖案真的非常吸睛。（艾曲批設計製作）

將近二十年前的作品與創意就已讓人十分驚豔！（劉正凱設計製作）

各種細節毫不含糊，把沒用的甲蟲殘骸做了最棒的利用。（劉正凱設計製作）

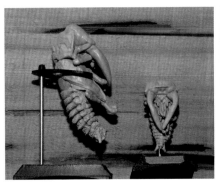

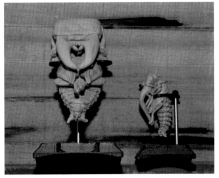

使用昆蟲的蛹翻模的技術門檻不低，尤其取得的蛹已經死亡，要維持外觀需要特殊的技術。（陳翰斯設計製作）

成品的細節可以看得非常仔細，這樣的作品一方面可以收藏，用於教學使用也非常放心。（陳翰斯設計製作）

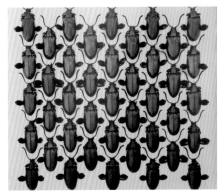

美麗的粗腿金花蟲使用漸層的方式排列，掛在牆上當作裝飾非常高雅。（翻拍個人收藏克里斯多福・馬利作品月曆）

使用花龜子、糞金龜、吉丁蟲、象鼻蟲，排列出來的藝術品。（翻拍個人收藏克里斯多福・馬利作品月曆）

將獨角仙、大圓翅鍬形蟲、美它利佛細身鍬形蟲、安達祐實大鍬形蟲的頭部與大顎直接翻模的銀飾,戴在身上肯定吸睛。(廖岳騏設計製作)

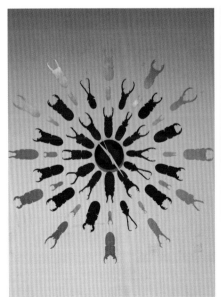

將不同種類鍬形蟲設計切割後,在牆面上依自己喜好排列,成為非常獨特的壁飾,還有時鐘功能。(廖岳騏設計製作)

鍬形蟲外觀搭配厚實的不銹鋼與雷射切割,成功變身為開瓶器,兼具實用性與美觀。(廖岳騏設計製作)

獨角仙與長戟大兜蟲的摺紙藝術品，搭配樹皮與樹幹，看起來栩栩如生，
也讓摺紙的藝術價值全面性提升。（鍾凱翔設計製作，攝於台北蟲磨坊）

洪新富老師特別為我製作的長臂金龜，該有的特徵
一點也不少，陪著我一起走過金鐘紅地毯。

這是凱翔一戰成名的紙箱系列，您看的出來裡面是
哪兩種恐龍嗎？（攝於台北蟲磨坊）

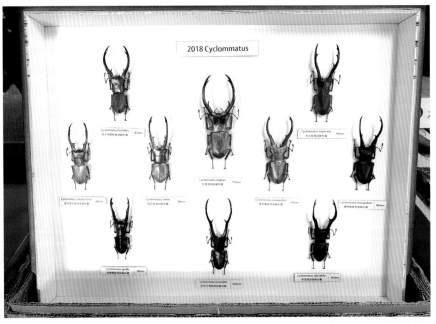

依照世界體長紀錄等比打造的大型細身屬標本框，現場民眾知道是紙做的之後，都露出不可思議的表情。
（江承儒設計製作）

多少人夢寐以求的全套大角花金龜標本，所有細節毫不含糊，可以看出設計者的用心與功力。（江承儒
設計製作）

燈光誘集進化論

　　玩蟲的朋友通常是由撿燈開始，我也不例外。知道有點燈這件事，是聽從幾位資深蟲友口述。在一片寬廣的森林，找到最高的開闊處，將發電機拉動，看著燈泡變亮天空逐漸變暗，或許只能啃乾糧吃麵包，但山林中只有一人，那種眾人皆醉我獨醒的感覺實在痛快！開始點燈對所有的玩蟲人來說，都是一個希望的過程，因為很多情況是無法掌握的，也因為如此，點燈讓許多蟲友玩家樂此不疲！

　　早年點燈必帶的有幾樣：發電機、電線、汽油、燈泡，缺一不可。如果是一般道路或是林道，交通工具能到的地方都算輕鬆，有些特別產地或山頭就不是那麼簡單，常常要將超過 20 公斤的裝備扛到山頂，汗流浹背的辛苦只有做過的人才知道。拜科技進步之賜，現在已經不再像之前那樣辛苦，點燈這件事可以很輕鬆愜意。

發電裝置

發電機與水銀燈組

　　應該是早期點燈的標準配備，發電量從 250W 到 3,000W 的都有玩家使用。個人總共使用過五台發電機，第一台是 HONDA EM1000F 的發電機，跟了我好幾年，後來為了爬山攜帶輕量化，購入 EX500 和 EX350 發電機，越小台當然越輕，發電瓦數就跟產品型號數字一樣。當時很多朋友不解，為什麼需要那麼多台發電機，因為森林的樣貌並非像規格化的便利商店，不同的視野與狀態需要的燈光強度不同。雖然發電機標示 1,000W，實際使用值大概八成，所以每一部發電機依發電量搭配的燈具也不同。EM1000F 搭配使用 110V500W 水銀清光燈，EX500 搭配 110V250W 水銀清光燈，EX350 搭配 110V160W 水銀清光燈。一般在視野廣闊的森林使用亮度較高的 500W 組，因為足夠的亮度才照得夠遠。林道或較不開闊的森林則使用 250W 組，較為封閉的森林則使用 160W 組。有些朋友問為什麼不全都用亮一點的 1000W 組就好？確實很多朋友都有「越亮越好」的迷思。理論上好像沒錯，但個人與許多蟲友的經驗顯示，如果在封閉的森林或是林道使用 500W 組，周邊的岩壁或樹木會變得非常亮，有些目標蟲被光線吸引飛出來時，不會將方向定在燈泡處，可能神不知鬼

夜晚在沒有破壞的森林中亮起一盞燈，應該是所有昆蟲愛好者的夢想。

出門採集調查就是一車的裝備，使用整理箱收納較為整齊，最頭痛的就是發電機與汽油的氣味，常常讓整車的人快喘不過氣，建議可以使用數個大塑膠袋分層包裝，隔絕氣味。

上山一定要準備麵包、果醬、肉醬，才能有體力好好觀察，吃完用過的垃圾與瓶罐一定要帶下山處理。

> **小提醒**
> 現在點燈雖然裝備輕巧，似乎到哪裡都可以將燈架起，體驗昆蟲趨光的樂趣。但要特別提醒，國家公園與森林保護區點燈誘集昆蟲必須事先申請，隨意點燈除可能騷擾野生動物之外，亦有可能民眾通報後造成自己與主管單位困擾，情節嚴重者有可能被處相關罰則，不可不慎。

不覺的飛到旁邊樹上，這樣燈光誘集的效果反而變差，所以說光度控制得剛剛好，集蟲效果更佳。還有些蟲友使用的是 220V400W 水銀清光燈（須加上安定器），兩種不同電流的燈組各有優缺點。110V 水銀燈優點是不需要安定器，缺點是燈泡價格高，220V 水銀燈的優點是燈泡便宜，但安定器太重，兩組都有支持者，端看自己的習慣而定。

電瓶與燈泡組

使用電瓶是一種折衷的方式，因為發電機的重量實在太可怕，但小顆的電瓶發電量不夠，大顆的還是太重，若點的是一般日光燈泡，大約可以維持三小時。確實會來蟲，但數量少，目標蟲更少，理論上只能使用在封閉的森林中，所以只使用過一小段時間就淘汰了。

汽車發電與燈泡組

這是上述使用電瓶方式進化來的。因為電瓶有電量的問題，電量影響使用燈泡瓦數與時間，但使用汽車發電只要買對燈泡並將電壓算好，便可以長時間點燈。試用幾次後發現實在太耗油了，每次油費暴增是個大問題，而且將車發動著也有排放廢氣的問題，所以這個方法也淘汰了。

LED 手電筒燈組

這是目前已知最方便輕巧的點燈誘集方法。在封閉的森林與樹林效果最好，對某些強趨光的目標蟲也非常有用。使用方式很簡單，找好位置後，用繩子將布固定到合適的位置，再打開手電筒將光照射到布上使其反光。通常針對強趨光的目標蟲大概只要照亮一個小時就分勝負了，還可以馬上收好換地點。直到現在我的車上還是隨時配備一塊白布、一綑繩子與搭配的 LED 手電筒，需要時可以馬上拿出來使用。

鋰電池與氙氣大燈組合

幾年前 18650 高容量鋰電池開始盛行，蟲友將數十顆電池使用串聯的技術組合，以提供超強的電力，而且重量更輕體積更小，燈泡選定車用的氙氣（HID 氣體放電）大燈組搭配安定器，一組電池可以使用超過三小時，對大部分情況已經足夠，但是必須使用專用充電器，而且充電時間較長，亦無法帶出國，這是最大的缺點。這兩年 18650 電池容量越來越大，還有專用的電池盒，一次使用 8 顆可以亮大約一個半小時，專用快速充電器縮短充電時間，可說是集輕巧、

這是大家都喜愛的點燈地點，前方沒有任何阻礙，光可以照射更遠。

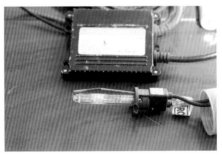

這是 300W 的發電機組，發電機的功率大概有七到八成，只能使用消耗電力 200W 以下的燈泡，發光的是 160W 的清光水銀燈，旁邊是 250W 的清光水銀燈，無法搭配這台發電機使用。

搭配安定器的車用氙氣大燈的燈組，輕巧方便收納，就算背在身上也不是負擔。

方便、安靜於一身。有朋友質疑這種燈對於目標蟲的吸引力不如水銀清光燈，以個人經驗來說，它的整體集蟲力確實不如水銀清光燈，但對於目標蟲來說是相當不錯的。舉個例子，栗色深山鍬形蟲發生的時間，我使用一盞氙氣燈組亮燈一個半小時收燈，共來了 13 隻，成績還不錯。這幾年出國，身上也會背著這組點燈裝置，16 顆電池（要放在隨身行李）、一個電池盒、一個快速充電器、一組氙氣大燈與兩米線組，重量不超過兩公斤，卻能為旅程增加許多驚喜。

點燈番外篇

發電機的水銀燈泡線組還有其它妙用。因為是 110V 的燈組，所以適用於任何額定電流相同的插座，只要經過屋主或所有人同意，就能方便亮燈。國外也可以如法炮製，唯一需要注意的是了解國外的電壓，才不會因電流不同而發生危險，建議線組的長度至少要 20 米，使用起來比較方便。

目前我的裝備還留有一部 EU10i 發電機、一組 LED 手電筒燈組、兩組氙氣大燈組，在目標蟲發生季節（每年四月至十月）都會放在車上，只要有機會上山調查，就會依照環境選擇燈光誘集昆蟲的裝備。有時到了森林環境樣貌較為豐富的地方，這些裝備各自被安排到合適的地點，而我就遊走在這些燈組間，把握每次出門調查的機會。

這張群蛾亂舞的照片是十六年前拍攝，當時的裝備是 1,000w 發電機與 500w 清光水銀燈泡，搭配螢光燈組吸引不同種類的昆蟲，地點是力行產業道路。

好友的裝備，一個整理盒中放了四個電池組，還有氙氣燈與線組。

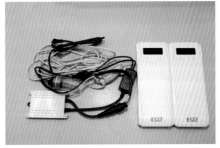

每個電池盒可以放置八顆 18650 高容量電池，搭配氙氣燈可使用約兩小時，四組就能使用八小時以上。

老蟲友愛用的複金屬燈，發出的是較冷的藍光，對於目標蟲來說有不可抗拒的吸引力。

好友使用的燈組，除了發電機之外，其它裝備都放在一個袋子中，整齊又清爽。

袋中包含：燈架、白布、兩把透明雨傘、線組燈座、改造蝦網、小椅子，非常方便。

發電機（電池）與燈架、燈泡，可說是燈光誘集三劍客，就算沒有白布也沒關係，能隨手取得就是好布。

尚未天黑可以先到地點選擇環境，前方開闊沒有阻擋物，下方為山谷的地形，最容易讓燈光的效能放到最大。

台灣國際昆蟲博覽會

　　這是每年台灣昆蟲愛好者的盛會。由 2017 年第一屆臺灣昆蟲大展（請見《甲蟲日記簿》）到 2020 年的台灣國際昆蟲博覽會，除了昆蟲店之外，更增加許多玩家一起參與擺攤。2018 年第二屆臺灣昆蟲大展的場地較第一屆更加寬敞，但依然被熱情的愛好者擠得水洩不通。2019 年由台北名店蟲林野售主導，將昆蟲展導向以加強蟲友與蟲店的交流為主，並定名為「2019 夏季台灣昆蟲特展」，參考日本昆蟲展的方式，以免費入場來增加民眾的參與，參加的蟲店與玩家超過 30 組，總桌數 88 桌。這場暑假期間的活動在台北市立松山高中的活動中心舉辦，由松山高中生物社師生協辦。可惜蟲展當天我在台東帶領美國國家地理 National Geographic 的親子自然觀察活動，無法參與盛會，經由好友現場報導得知，這次活動空前成功。雖然場地比起前兩次更大更寬敞，依然無法消化熱情參與的昆蟲愛好者，除了空調稍微不夠力之外（盛夏難免），大家一致給予高度好評。2019 第二場昆蟲展於 10 月 26 日在台中國際展覽館舉辦，這次比較特別的是跟台中寵物用品展一起辦理。原本參觀寵物展是需要購票的，但主辦方與寵物展達成共識，只要上網登入就可以取得免費電子票券，幫蟲友省下不少預算。蟲聚當天上午我在新竹市動物園演講，結束後馬上搭乘高鐵前往展場，雖然會場就在高鐵旁，但主辦單位還是非常用心地將捷徑路線圖（蟲友林宗儒整理）放在臉書上，方便蟲友抵達會場。入場後看到昆蟲展展區的指引路牌，許多蟲友正奮力搶購心儀的物種與耗材，一邊跟蟲店好友打招呼，注意新產品，很開心看到許多家長帶著對昆蟲有興趣的孩子一起來參與。一位家長與我分享，自從孩子喜歡養甲蟲後，做事變得比較有條理，也很有責任心，常常關心昆蟲的狀態，也會記錄生態行為，聽完後自己也覺得非常歡喜。

　　2020 年 2 月 9 日在圓山花博流行館盛大舉辦的台灣國際昆蟲博覽會，整個籌備行動早在 2019 年 11 月就已經開始。蟲林野售洪翊智發揮企劃組織長才，親自接洽花博場地，為了成功辦理本次活動，與花博方開會多達十餘次，並領導核心人員討論廠商進退場動線及與會民眾排隊動線。參展廠商有 40 組，攤

小方法　很多朋友來信問我如何得知各種展覽與活動的訊息，最簡單的方法是在臉書加入不同的甲蟲與昆蟲社團，只要搜尋關鍵字就會有許多社團出現，不用全部都加入，只需挑社團人數較多的前幾名即可。加入時必須回答社團的問題，才會由管理員同意入社。在我的個人臉書與幾個臉書粉專也會隨時更新消息。

南投甲蟲館小藍店長賢伉儷，總是帶著微笑回答問題。
（攝於 2019 台中國際展覽館昆蟲展場）

印有店名的布旗看板是基本配件。（攝
於 2019 台中國際展覽館昆蟲展場）

設計師酷力將的夫人親手製作的
雞母蟲羊毛氈，栩栩如生。
（攝於 2019 台中國際展覽館昆蟲
展場）

羊毛氈製作的大王花金龜，各個
細節都沒放過，可見費心製作。
（攝於 2019 台中國際展覽館昆蟲
展場）

產於中美洲的寶石金龜，無論是
金黃色或銀色都耀眼閃亮吸引眾
人目光。

於台北花博流行館舉辦的 2020 台灣國際昆蟲博覽會，演講會場在二樓，與賣場空間做出區隔。（詹凱翔
拍攝）

位 120 桌，蟲店、玩家、批發商莫不使盡渾身解數，希望做出好業績。就在活動日期將近時，發生具有傳染性的冠狀病毒疫情，許多日本、韓國玩家取消來台計畫，主辦單位也不敢大意，因為活動人數推估高達千人以上，萬一有所閃失成為防疫漏洞並非大家樂見。活動前兩周主辦單位宣布必須遵守健康自主原則，參加廠商、玩家與民眾必須配戴口罩做好個人防護才能進場，並在所有入口處加派人力，量體溫、做標示，讓所有變因得到最有效的管控。

細看這次攤商可分成三大類「活體、標本、推廣」。活體主打各種鍬形蟲、兜蟲、花金龜成蟲與幼蟲，這次還加入步行蟲攤位，另外螳螂、竹節蟲、蟑螂愛好者也擺出珍奇種類吸引目光。標本的參展商比前幾次更多，攤位更大，標本種類涵蓋世界各地，連大型個體與變異個體都能見到，最讓我興奮的是，有許多從沒見過活體的珍貴稀有種類在這次現身。其中以飼養繁殖難度爆表的貝氏箭螳、曾經瘋傳因為象牙海岸棲地已被破壞而滅絕的銀背大角花金龜，最吸引全場目光。這次我也在現場分享「到雨林找甲蟲」，這次經驗很特別，有種快窒息的感覺，原來戴著口罩講話是一件非常辛苦的事。

一路走來，我看到台灣玩蟲人口的成長，還有大家對各項活動的支持。個人觀察以目前蟲店、玩家還有昆蟲愛好者熱絡的情況來說，應該每半年或四個月可以舉辦一次大型展覽活動，區域型的昆蟲聚會則一季可舉辦一次，對於願意擔下重任出來舉辦活動的同好，個人都很支持並樂觀其成。

蟲店攤位前站滿用心挑選標本的蟲友。（詹凱翔拍攝）

感 謝

　　開始全力撰寫本書是在 2020 年初，新冠肺炎一觸即發，隨著本書內容與照片不斷增加，全球疫情也變得更加嚴重，心情時常陷入低潮。雖然原先規劃每個月有十天的親子雨林行程和各類演講皆因疫情取消，但新接手的外景實境節目〈上山下海過一夜〉外景主持工作，加上本業工作、田野調查、照顧飼養種植的眾多生物，時間還是不夠用，我只好隨身攜帶電腦，利用任何一個空檔寫作，本書才能順利出版。特別感謝國立臺灣大學生物資源暨農學院榮譽教授楊平世老師撥冗作序，國立自然科學博物館研究員鄭明倫博士再次為《甲蟲日記簿 2》內容審訂把關，師範大學生科系林仲平教授、林業試驗所副研究員汪澤宏博士、國立臺灣大學昆蟲學系曾惠芸助理教授，以及國立自然科學博物館研究員蔡經甫博士，為我解惑，傳授各種甲蟲知識與經驗。協助物種鑑定的好友們：何彬宏、林翰羽、胡芳碩、施欣言、胡至翰、黃福盛、葉人瑋、蕭勻；最棒的探險夥伴蘇自敏、陳震邑、黃一峯、張世豪、張書豪、蕭志瑋；隨時支援我的廖智安先生、鐘云均小姐；生命中最重要的貴人劉旺財先生與廖碧玉賢伉儷；三立〈上山下海過一夜〉主持夥伴與劇組，以及最親愛的家人：母親曾秋玉女士、內人學儀、兒子于哲，謝謝您們全力支持我！

　　益蟲與害蟲都是人類主觀的認知，對於自然環境來說，每種昆蟲存在都有其意義，相信越多人抱持這樣的想法，地球將會變得更美好。若對本書有任何建議或指導，歡迎您與我聯絡，email：shijak0526@gmail.com；也可在網路上搜尋「熱血阿傑」或shijak0526，即可找到臉書粉專與 IG。謝謝！

參 考 網 站

世界吉丁蟲　　　　　coleopsoc.org

臺灣物種名錄　　　　taibnet.sinica.edu.tw

臺灣昆蟲同好會　　　taisocinh.wixsite.com/taisocinsectnhweb

台灣食糞群金龜簡誌　binhong0505.blogspot.com

參 考 書 目

鈴木知之（2007）。《世界鍬形蟲、兜蟲飼育圖鑑大百科》。
台北：商鼎。

張永仁（2006）。《鍬形蟲 54》。
台北：遠流。

藤田 宏（2010）。《世界のクワガタムシ大図鑑》。
日本：日本虫社。

大桃定洋、福富宏和（2013）。《日本産タマムシ大図鑑》。
日本：日本虫社。

秋田勝己、益本仁雄（2016）。《日本産ゴミムシダマシ大図鑑》。
日本：日本虫社。

酒井香、永井信二（1998）。《世界のハナムグリ大図鑑》。
日本：日本虫社。

賴廷奇、柯心平（2008）。《沉醉兜鍬增補版》。
台北：晨星。

Uitsiann Ong et Takaharu Hattori(2019). *Jewel Beetles of Taiwan Volume 1*. Taiwan, Ministry of Beetles.

SHOP LIST

台北蟲店	台北木生昆蟲坊	02-2594-7952	台北市松江路 372 巷 13 號
	台灣昆蟲館	02-7729-3709	台北市大安區和平東路三段 406 巷 8 號
	蟲林野售	02-2763-6447	台北市信義區忠孝東路五段 165 巷 3 弄 29 號
	蟲磨坊	02-88614090	台北市士林區大東路 79 號（士林分局旁）
	彩蟲屋 - 蟲殿	02-8931 0007	台北市羅斯福路五段 170 巷 39 號
新北蟲店	魔晶園	02-2968-9703	新北市板橋區南雅西路二段 74 號
	喜蟲天降新莊店	02-2202-0291	新北市新莊區中正路 437 號
	喜蟲天降三重店	02-2983-4251	新北市三重區重陽路二段 19 巷 15 號
	彩蟲屋新莊總店	02-2202-8032	新北市新莊區民安路 426-6 號
	虹森林工作室	02-2260-2072	新北市土城區延吉街 253 巷 22 號 1 樓
桃園蟲店	雕蟲小技甲蟲生態教育館	03-362-1456	桃園市八德市建國路 1170 號
	蟲心所欲	03-313-9507	桃園市蘆竹區南竹路三段 96 號
	阿峰甲蟲專賣店	03-450-0333	桃園縣中壢市龍岡路三段 410 號
新竹蟲店	菜蟲叔叔昆蟲生活坊	03-536-0365	新竹市天府路二段 10 號
	蟲趣昆蟲生態館	03-550-0131	新竹縣竹北市六家五路二段 182 號
台中蟲店	愛森螗昆蟲生態館	04-2320-2219	台中市北區忠明路 153 號
	甲蟲部落昆蟲生態館忠明南店	04-2285-5633	台中市忠明南路 1276 號
	甲蟲部落文心森林店	04-2473-3139	台中市向上南路一段 341 號
	夢蟲無我	0928-648396	台中市北屯區中平路 509 巷 86 號
	蟲鑑天日	0903-966696	台中市西區大昌街 247 號
	崑蟲坊	0975-057207	台中市北區益華路 35 號
	玩甲蟲生態館	04-2461-2229	台中市西屯區西屯路三段宏福五巷 12 號
	蟲話區甲蟲生態館	04-2529-1534	台中市豐原區中興路 212 號
彰化蟲店	綠光蟲林	04-834-7759	彰化縣員林市林森路 413 號
南投蟲店	南投甲蟲館	04-9224-1961	南投縣南投市民生街 20 號
雲林蟲店	甲蟲館休閒農場	0972-956712	雲林縣古坑鄉喃湳仔 89 號
嘉義蟲店	奇力貝舍甲蟲專賣店 x 不動音樂工作室	0975-295505	嘉義市西區世賢路一段 621 號
台南蟲店	兜鍬蟲林	0938-991913	台南市成功路 501 號
高雄蟲店	蟲之森	07-552-9255	高雄市鼓山區龍德路 45 號
	丸虫虫（新昆蟲樂園）	0921-190258	高雄市新興區復橫一路 221 號
	亞馬遜昆蟲專賣店	07-398-0708	高雄市三民區義華路 159 巷 34 號
	亞馬遜昆蟲專賣自由店	0986-306095	高雄市左營區重孝路 31 號
	彩蟲屋 - 高雄店（蟲林坊）	07-790-5975	高雄市鳳山區國文和街 1 號
	爬爬食堂	07-223-7863	高雄市新興區復興二路 350 號
屏東蟲店	屏東甲蟲世界	0982-525074	屏東長治鄉進興村進興巷 111-3 號
花蓮蟲店	長虹文具行	0917-541478	花蓮市重慶路 195 巷 9 號
宜蘭蟲店	蟲蟲底家	0927-821063	宜蘭縣羅東鎮忠孝路 113 號
	甲蟲森林	03-928-0810	宜蘭縣礁溪鄉二結路 50-11 號
香港蟲店	蟲森萬象	+852 5488 8266	香港九龍旺角道 30-36 號寶安大廈 2 樓 B 室
	甲蟲王者 - 香港新蒲崗工作室	+852 9674 8561	香港九龍新蒲崗五芳街 19-21 號嘉榮工業大廈一樓（從地下停車場走樓梯或搭貨梯至一樓）
馬來西亞蟲店	Royal Beetle	+6011 5967 4339	17, Jalan Tago 11, Perindustrian Tago, 52200 Sri Damansara, Kuala Lumpur, Malaysia

甲蟲日記簿 2：熱血阿傑的觀察與繁殖飼養筆記

作者	黃仕傑
企畫選書	辜雅穗
責任編輯	辜雅穗
行銷業務	鄭兆婷
總編輯	辜雅穗
總經理	黃淑貞
發行人	何飛鵬
法律顧問	台英國際商務法律事務所　羅明通律師
出版	紅樹林出版
	台北市南港區昆陽街 16 號 4 樓
	電話：(02) 25007008　傳真：(02) 25002648
發行	英屬蓋曼群島商家庭傳媒股份有限公司城邦分公司
	聯絡地址：台北市南港區昆陽街 16 號 5 樓
	書虫客服服務專線：(02) 25007718．(02) 25007719
	24 小時傳真服務：(02) 25001990．(02) 25001991
	服務時間：週一至週五 09:30-12:00．13:30-17:00
	郵撥帳號：19863813　戶名：書虫股份有限公司
	讀者服務信箱 email：service@readingclub.com.tw
	城邦讀書花園：www.cite.com.tw
香港發行所	城邦（香港）出版集團有限公司
	地址：香港九龍土瓜灣土瓜灣道 86 號順聯工業大廈 6 樓 A 室
	email：hkcite@biznetvigator.com
	電話：(852)25086231　傳真：(852) 25789337
馬新發行所	城邦（馬新）出版集團 Cité(M)Sdn. Bhd.
	41, Jalan Radin Anum, Bandar Baru Sri Petaling,
	57000 Kuala Lumpur, Malaysia.
	電話：(603) 90578822　傳真：(603) 90576622
	email:cite@cite.com.my
封面設計	mollychang.cagw.
內頁設計	葉若蒂
印刷	卡樂彩色製版印刷有限公司
經銷商	聯合發行股份有限公司
	電話：(02)29178022　傳真：(02)29110053

2020 年（民 109）7 月初版　Printed in Taiwan
2024 年（民 113）9 月初版 4.8 刷
定價 480 元　ISBN 978-986-97418-5-9

城邦讀書花園　www.cite.com.tw

國家圖書館出版品預行編目 (CIP) 資料

甲蟲日記簿 2：熱血阿傑的觀察與繁殖飼養筆記 / 黃仕傑著 . -- 初版 . -- 臺北市：
紅樹林出版：家庭傳媒城邦分公司發行, 民 109.07　160 面；　14.8*21 公分
ISBN 978-986-97418-5-9(精裝)
1. 甲蟲 2. 動物圖鑑 3. 生態攝影
387.785025　　　　　　　　　　　　　　　　109008504